中国-澳大利亚（重庆）职业教育与培训项目
中等职业教育建筑工程施工专业系列教材

■总主编　江世永　■执行总主编　刘钦平

建筑工程测量

（第3版）

主　　编　梅玉娥　郑持红

副 主 编　刘 星

U0240378

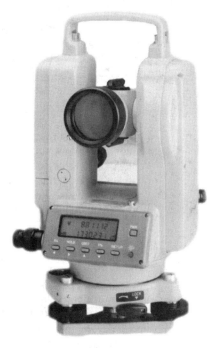

重庆大学出版社

内 容 提 要

本书是中等职业教育建筑工程施工专业系列教材之一,是中国-澳大利亚(重庆)职业教育与培训项目成果。全书共 7 章,主要介绍了常用测量仪器的使用,测量的三项基本工作(即角度测量、距离测量和高程测量),地形图的测绘与应用,建筑施工测量等。

本书是依据中等职业教育建筑工程施工专业能力标准及我国职业教育特点编写的,重基础、重实用、简理论,可作为中等职业学校建筑工程施工专业教材,也可作为测量人员自学用书。

图书在版编目(CIP)数据

建筑工程测量 / 梅玉娥,郑持红主编. – – 3 版. – – 重庆:
重庆大学出版社,2021.7
中等职业教育建筑工程施工专业系列教材
ISBN 978-7-5689-2745-1

Ⅰ.①建… Ⅱ.①梅… ②郑… Ⅲ.①建筑测量—中等专业学
校—教材 Ⅳ.①TU198

中国版本图书馆 CIP 数据核字(2021)第 100556 号

中等职业教育建筑工程施工专业系列教材
建筑工程测量
(第 3 版)

主　编　梅玉娥　郑持红
副 主 编　刘 星
责任编辑:张 婷　版式设计:张 婷
责任校对:王 倩　责任印制:赵 晟
*
重庆大学出版社出版发行
出版人:饶帮华
社址:重庆市沙坪坝区大学城西路 21 号
邮编:401331
电话:(023)88617190　88617185(中小学)
传真:(023)88617186　88617166
网址:http://www.cqup.com.cn
邮箱:fxk@ cqup.com.cn(营销中心)
全国新华书店经销
重庆华林天美印务有限公司印刷
*
开本:787mm×1092mm　1/16　印张:12.25　字数:315 千
2008 年 6 月第 1 版　2021 年 7 月第 3 版　2021 年 7 月第 10 次印刷
印数:25 601—28 600
ISBN 978-7-5689-2745-1　定价:39.00元

序　言

　　建筑业是我国国民经济的支柱产业之一。随着全国城市化建设进程的加快,基础设施建设急需大量具备中、初级专业技能的建设者。这对于中等职业教育的建筑专业发展提出了新的挑战,同时也提供了新的机遇。根据《国务院关于大力推进职业教育改革与发展的决定》和教育部《关于〈2004—2007年职业教育教材开发编写计划〉的通知》的要求,我们编写了这套系列教材。

　　目前我国中等职业教育建筑专业所用教材,大多偏重于理论知识的传授,内容偏多、偏深,在专业技能方面的可操作性不强。另外,现在的中职学生文化基础相对薄弱,对现有教材难以适应。教学过程中存在教师难教、学生难学的现状。为进一步提高中等职业教育教学水平,在大量调查研究和充分论证的基础上,我们组织了具有丰富教学经验和丰富工程实践经验的"双师型"教师和部分高等院校教师以及行业专家编写了这套系列教材。本系列教材的大部分作者直接参与了中国-澳大利亚(重庆)职教项目,他们既了解中国职教的情况,又掌握了澳大利亚先进的职教理念。本系列教材充分反映了中国-澳大利亚(重庆)职教项目多年合作的成果。部分教材已试用多年,效果很好。

　　中等职业教育建筑工程施工专业毕业生就业的单位主要是施工企业,从就业岗位看,以建筑施工一线管理和操作岗位为主,在管理岗位中,施工员人数居多;在操作岗位中,钢筋工、砌筑工需求量大。为此,本系列教材将培养目标定位为:培养与我国社会主义现代化建设要求相适应的具有综合职业能力,能从事工业与民用建筑的钢筋工、砌筑工等其中一种施工操作,进而能胜任施工员管理岗位的中级技术人才。

　　本系列教材编写的指导思想是:充分吸收澳大利亚职业教育先进思想,体现现代职业教育先进理念;坚持以社会就业和行业需求为导向,适应我国建筑行业对人才培养的需求;适合目前中等职业教育教学的需要和中职学生的学习特点,着力培养学生的动手和实践能力。教材在编写过程中,遵循"以能力为本位、以学生为中心、以学习需求为基础"的原则,在内容取舍上,坚持"实用为准,够用为度"的原则,充分体现中等职业教育的特点和规律。

　　本系列教材编写具有以下特点:

　　1. 采用灵活的模块化课程结构,以满足不同学生的需求。系列教材分为两个课程模块:通用模块、岗位模块(包括管理岗位和操作岗位两个模块),学生可以有选择性地学习不同的模块课程,以达到不同的技能目标来适应劳动力市场的需求。

　　2. 知识浅显易懂,精简理论阐述,突出操作技能。突出操作技能和工序要求,重在技能操作培训,将技能进行分解、细化,使学生在短时间内能掌握基本的操作要领,达到"短、平、快"的学习效果。

3.采用"动中学""学中做"的互动教学方法。本系列教材融入了对教师教学方法的建议和指导,教师可根据不同资源条件选择使用适宜的教学方法,组织丰富多彩的"以学生为中心"的课堂教学活动,提高学生的参与程度,坚持培养学生以能力为本,让学生在各种动手、动口、动脑的活动中,轻松愉快地学习,接受知识,获得技能。

4.表现形式新颖、内容活泼多样。教材辅以丰富的图标、图片和图表。图标起引导作用,图片和图表作为知识的有机组成部分,代替了大篇幅的文字叙述,使内容表达直观、生动形象,以吸引学习者兴趣。教师讲解和学生阅读两部分内容分别采用不同的字体以示区别,让师生一目了然、清晰明白。

5.教学手段丰富、资源利用充分。根据不同的教学科目和教学内容,教材采用了如录像、幻灯片、实物、挂图、试验操作、现场参观、实习实作等丰富的教学手段,并建立了资源网站,有利于充实教学方法,提高教学质量。

6.注重教学评估和学习鉴定。每章结束后,均有对教师教学质量的评估、对学生学习效果的鉴定方法。通过评估、鉴定,师生可得到及时的信息反馈,以不断地总结经验,提高学生学习的积极性、改进教学方法,提高教学质量。

本系列教材可以供中等职业教育建筑工程施工专业学生使用,也可以作为建筑从业人员的参考用书。

该系列教材在编写过程中得到重庆市教育委员会、中国人民解放军后勤工程学院(现为中国人民解放军陆军勤务学院)、重庆市教育科学研究院和重庆市建设岗位培训中心的指导和帮助,尤其是重庆市教育委员会刘先海、张贤刚、谢红,重庆市教育科学研究院向才毅、徐光伦等为本系列丛书的出版付出了艰辛劳动;同时,本系列丛书从立项论证到编写阶段都得到澳大利亚职业教育专家的指导和支持,在此表示衷心的感谢!

江世永
2007 年 8 月于重庆

前言(第3版)

本书是中等职业教育建筑工程施工专业系列教材之一,是中国-澳大利亚(重庆)职业教育与培训项目成果,根据中澳合作项目中等职业教育建筑专业能力标准及我国职教特点,依据《职业教育教材开发编写计划》,并结合编者多年教学与测绘生产实践编写而成。全书共7章,主要介绍了常用测量仪器的使用,测量的三项基本工作(即角度测量、距离测量和高程测量),地形图的测绘与应用,建筑施工测量等。

本书遵循"实用为准,够用为度"的原则,在内容和形式上力求浅显易懂,教材与教法在"将知识如何转变为能力"方面有新的突破。在组织教学素材时,站在学生的角度,以学生为主体,抓住学生的好奇心理,激发学生的学习热情,将学生由被动学习变为主动学习。因此,本书结合了大量的图片,重基础、重实用、减理论,力求主线清晰,便于理解、记忆和查阅。

本书自2008年出版以来,经过各兄弟院校的教学实践,证明它符合中等职业技术教育的培养目标与教学计划,是符合教学规律的,因此本书保留了原教材的基本结构;在广泛征求意见的基础上,为满足不同学校的教学要求,更加适合教师教学和学生学习,并结合测量新技术、新规范和新仪器的操作与使用,进行了修订。

本书采取问题引入、阅读理解、提问回答、观看录像、实习实作、小组讨论、活动建议、练习作业、学生鉴定等多种形式,培养学生分析问题、解决问题的能力,口头表达能力和动手能力等,同时希望活跃课堂气氛、激发学习兴趣。

本书第一版由郑持红老师主编,刘星老师参与编写;第二版、第三版由梅玉娥负责修订。本书在修订过程中,得到了重庆大学出版社的大力支持和帮助,同时,也参阅了大量参考文献,在此一并表示感谢。

由于编者水平有限,书中难免存在不足之处,敬请读者予以批评指正。

编　者
2020 年 4 月

前　言

　　本书是依据中澳合作项目中等职业教育建筑专业能力标准及我国职教特点,依据《2004—2007 年职业教育教材开发编写计划》,并结合编者多年教学与测绘生产实践编写的。

　　本书是中等职业教育工业与民用建筑专业系列教材之一,是中国-澳大利亚(重庆)职业教育与培训项目成果。全书共 7 章,主要介绍了常用测量仪器的使用、测量的 3 项基本工作(即角度测量、距离测量和高程测量)、地形图的测绘与应用、建筑施工测量等。

　　本书遵循以"实用为准,够用为度"的原则,在内容和形式上力求浅显易懂,教材与教法在"将知识如何转变为能力"方面有新的突破。在组织教学素材时,站在学生的角度,以学生为中心,抓住学生的好奇心理,激发学生的学习热情,将学生由被动学习变为主动学习。因此,本书结合了大量的图片,重基础、重实用、简理论,力求主线清晰,便于理解、记忆和查阅。

　　本书采用问题引入、阅读理解、提问回答、观看录像、实习实作、小组讨论、活动建议、练习作业、学生鉴定等多种形式,培养学生分析问题、解决问题的能力,口头表达能力,动手能力等,同时可活跃课堂气氛,激发学生的学习兴趣。

　　本书由重庆市三峡水利电力学校郑持红编写第 1—6 章,重庆大学刘星编写第 7 章。全书由郑持红统稿定稿,任主编,刘星担任副主编。

　　本书在编写过程中,得到了重庆市勘测院、南方测绘公司、重庆大学、中国人民解放军后勤工程学院的大力支持和帮助,同时,也参阅了大量参考文献,在此一并表示感谢。

　　由于编者水平所限,书中难免有不足之处,敬请读者予以批评指正。

编　者
2007 年 10 月

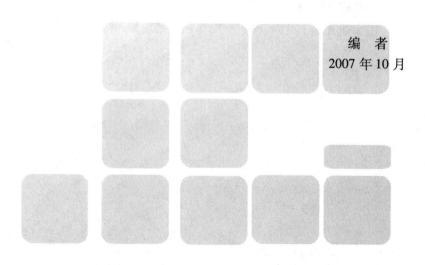

目　录

1　基础知识 …………………………………………………… 1

1.1　建筑工程测量的任务 …………………………… 3

1.2　地面点位的确定及其表示方法 ………………… 3

1.3　测量的基本工作及基本原则 …………………… 7

学习鉴定 ……………………………………………… 9

教学评估 ……………………………………………… 9

2　常用测量仪器 …………………………………………… 11

2.1　水准仪及其使用 ………………………………… 12

2.2　经纬仪及其使用 ………………………………… 20

2.3　全站仪及其使用 ………………………………… 28

2.4　GPS 定位技术测量 ……………………………… 35

学习鉴定 ……………………………………………… 41

教学评估 ……………………………………………… 42

3　角度测量 ………………………………………………… 43

3.1　角度测量原理 …………………………………… 44

3.2　角度观测 ………………………………………… 46

3.3　角度测量的主要误差 …………………………… 50

学习鉴定 ……………………………………………… 52

教学评估 ……………………………………………… 53

4　距离测量 ………………………………………………… 55

4.1　钢尺量距 ………………………………………… 56

4.2　经纬仪视距 ……………………………………… 60

4.3　测距仪和全站仪测距 …………………………… 61

4.4　直线定向 ………………………………………… 64

4.5　坐标正、反算 …………………………………… 66

学习鉴定 ……………………………………………… 68

教学评估 ……………………………………………… 69

5　高程测量 …………………………………… 71
　5.1　水准测量 …………………………………… 72
　5.2　三角高程测量 ……………………………… 85
　学习鉴定 ………………………………………… 88
　教学评估 ………………………………………… 88

6　大比例尺地形图的测绘与应用 ……………… 89
　6.1　地形图的基本知识 ………………………… 90
　6.2　小区域控制测量 …………………………… 98
　6.3　经纬仪测图 ………………………………… 108
　6.4　数字化测图 ………………………………… 117
　6.5　地形图的应用 ……………………………… 120
　学习鉴定 ………………………………………… 132
　教学评估 ………………………………………… 133

7　建筑施工测量 ………………………………… 135
　7.1　建筑施工测量概述 ………………………… 136
　7.2　施工测设的基本工作 ……………………… 138
　7.3　建筑场地施工控制测量 …………………… 144
　7.4　民用建筑施工测量 ………………………… 148
　7.5　高层建筑施工测量 ………………………… 156
　7.6　线路工程测量 ……………………………… 159
　7.7　建筑物的变形观测 ………………………… 173
　7.8　竣工总平面图的编绘 ……………………… 179
　学习鉴定 ………………………………………… 181
　教学评估 ………………………………………… 184

附录 ……………………………………………… 185
　附录1　教学评估表 …………………………… 185
　附录2　测量中的计量单位 …………………… 187

参考文献 ………………………………………… 188

1 基础知识

本章内容简介

建筑工程测量的任务

点位的表示方法

测量的 3 项基本工作

测量工作的基本原则

本章教学目标

了解建筑工程测量的主要内容

掌握地面点的表示方法

熟悉测量中的坐标系统与高程系统

理解测量工作的基本原则

问 题引入

　　某企业家回乡建一所希望小学，设计师说需要地形图，理由是，他要从地形图上知道这块土地的面积、方位、高程、坡度、起伏变化状态及地面上的固定物体等，之后才能布置教学楼、实验楼、食堂、宿舍、球场……

　　设计师要求赶快找测量队伍测图，还要请他们把图上布置的建筑物标定到地面。

　　你想成为一名测量人员吗？如果想，就必须从建筑工程测量的基础知识学习入手，下面我们就来了解它吧！

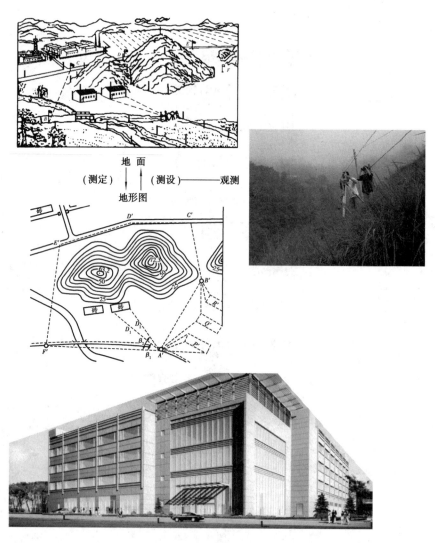

图1.1　测定与测设

1.1 建筑工程测量的任务

1.1.1 测量的主要内容

测量的主要内容是测定和测设,如图1.1所示。

(1)测定 用测量仪器和工具,对地球表面上的点进行测量、计算,获取一系列测量数据,并根据获取的数据缩绘成地形图,为工程规划、设计提供依据。

(2)测设 将地形图上规划好的建筑物的相关位置,通过测量标定到地面,指导施工。测设又称为放样。

1.1.2 建筑工程测量的任务

(1)地形测量 对地面进行测量,获得一系列测量数据,并根据这些测量数据绘制成地形图。

(2)施工测量

①施工前把图纸上设计的建筑物测设到现场。

②施工中进行各种测量工作,保证施工质量符合设计要求。

③竣工后进行竣工测量,为工程验收及日后的扩建及管理提供资料。

(3)变形观测 在施工过程中或建筑物建成后,观测建筑物在各种因素的影响下所产生的变形,如沉降、倾斜、裂缝、挠曲等。若变形超过允许范围,即应采取相应的措施,以确保安全。

练习作业

建筑工程测量的主要任务是什么?

1.2 地面点位的确定及其表示方法

测定与测设都离不开测点,前者是将地面点测到图上,后者是将图上点测到地面。所以,测量工作的实质就是确定点的位置。点的位置用坐标(x,y)和高程H表示。

1.2.1 坐标系统

坐标系统(常用)有地理坐标系、高斯平面直角坐标系、独立平面直角坐标系3种。

1)地理坐标系

地理坐标系用经度 λ、纬度 φ 表示,如图 1.2 所示。首子午线以东为东经,以西为西经;赤道以北为北纬,以南为南纬。其变化范围为:

$$经度\begin{cases}东经(0°\sim180°)\\西经(0°\sim180°)\end{cases};纬度\begin{cases}北纬(0°\sim90°)\\南纬(0°\sim90°)\end{cases}$$

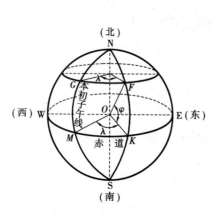

图 1.2 地理坐标系

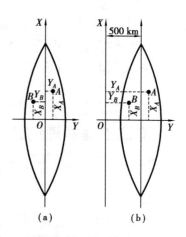

图 1.3 高斯平面直角坐标系

经度和纬度

经度和纬度都是一种角度。经度是两面角,某点的经度即过该点的子午面与过格林尼治天文台的子午面的夹角。纬度则是线面角,某点的纬度即过该点的地面法线与赤道面的夹角。

---

2)高斯平面直角坐标系

高斯平面直角坐标系用平面直角坐标 X,Y 表示,如图1.3所示。

为了减少地球曲率的影响,将地球表面分为若干带,展开后投影到平面上,每一带为一个独立坐标系,投影后的中央子午线及赤道分别为 X 轴、Y 轴(见图 1.3)。我国位于北半球,X 坐标为正,为了保证图中 B 点 Y 坐标为正,可将 X 轴向西面平移 500 km,平移前如图 1.3(a)所示,平移后如图1.3(b)所示。平移后在 Y 坐标前应冠以带号,例如,$Y_B = 20\ 227\ 560$ m,表示 B 点所在的带号为 20。

带的划分如图 1.4 所示。6°带以经差 6°为一带,共 60 带,从本初子午线开始划分;3°带以经差 3°为一带,共 120 带;它们第一带的中央子午线吻合。

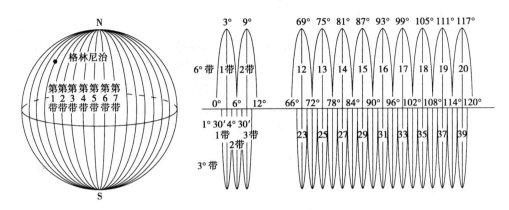

图 1.4 高斯坐标分带投影图

3）独立平面直角坐标系

独立平面直角坐标系用坐标 X,Y 表示。

以上两种坐标系都考虑了地球曲率的影响。当测区范围较小时,可将地球表面视为平面,直接将地面点投影到水平面上,用平面直角坐标表示,如图 1.5 所示。

（1）坐标轴与象限　坐标轴的方向:以北为 X 轴的正向,以东为 Y 轴的正向;坐标原点:选在测区的西南角,保证测区内各点坐标为正,以方便计算;象限:按顺时针方向编号,如图 1.6 所示。三角函数公式在测量中仍然适用,因为坐标轴与象限都发生了相应的变化。

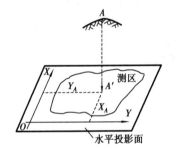

图 1.5　独立平面直角坐标系

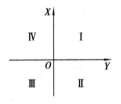

图 1.6　坐标与象限

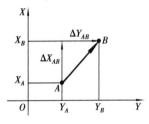

图 1.7　坐标与坐标增量

（2）坐标 (X,Y) 与坐标增量 $(\Delta X,\Delta Y)$　　如图 1.7 所示,(X_A,Y_A) 为 A 点的坐标,(X_B,Y_B) 为 B 点的坐标,则 A 点到 B 点的坐标增量为:$\Delta X_{AB}=X_B-X_A$,$\Delta Y_{AB}=Y_B-Y_A$。

$$坐标增量 = 终点坐标 - 始点坐标$$

已知:A 点坐标 (X_A,Y_A),A 点到 B 点的坐标增量 $(\Delta X_{AB},\Delta Y_{AB})$。

则:B 点坐标为 $X_B=X_A+\Delta X_{AB}$,$Y_B=Y_A+\Delta Y_{AB}$。

1.2.2　高程系统

高程系统分 1985 国家高程基准（现用）、1956 年黄海高程系、吴淞高程系 3 种。

1）高程

从高程起算面开始,沿着铅垂线的方向到地面点的距离为高程。

2)高程起算面与高程的分类

高程起算面有大地水准面和假定水准面;高程分为绝对高程(简称高程)和相对高程。

地球表面起伏很大,但陆地面只占29%,而海水面占71%,因此我们假想地球表面是由一个静止状态的海水面延伸穿过大陆岛屿形成一个封闭的曲面,这个封闭的曲面即为水准面。水准面有无穷多个,其中与平均海水面相吻合的水准面称为大地水准面,它是绝对高程的起算面。由于大地水准面是唯一的,因此绝对高程唯一;而相对高程是以假定水准面为高程起算面,故它有多个。

> 为了确定地面点的绝对高程,我国在青岛海边设立验潮站,在青岛象山建立水准原点,通过对海水面的长期观测,得出水准原点到平均海水面的垂直距离,即水准原点的绝对高程。
> ▶ 1956 年黄海高程系,水准原点的高程为 72.289 m。
> ▶ 1985 国家高程基准,水准原点的高程为 72.260 m(现用)。

3)高程与高差

如图1.8所示,H_A,H'_A 为 A 点的绝对高程与相对高程;H_B,H'_B 为 B 点的绝对高程与相对高程;h_{AB}为 A 点到 B 点的高差。

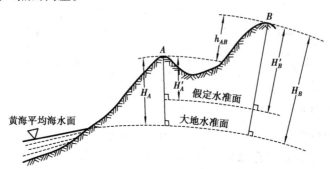

图1.8 高程与高差

高差有明显的方向性,$h_{AB} = -h_{BA}$;高差必须带有自己的符号,高差为" + "表示上升,高差为" – "表示下降。

已知:H_A,H'_A 为始点高程;H_B,H'_B 为终点高程。

则:$h_{AB} = H_B - H_A = H'_B - H'_A$。

高差 = 终点高程 – 始点高程

已知:H_A 为点 A 的高程;h_{AB} 为点 A 到点 B 的高差。

则:B 点高程 $H_B = H_A + h_{AB}$。

知●识窗

①地面点的空间位置用坐标与高程表示。一般情况下,坐标和高程由距离、角度及高差求得。因此,距离、角度及高差是确定地面点位的3个基本要素。

②地球曲率对测距离、角度和高差都有不同程度的影响:

▶对距离与水平角影响很小,在半径为10 km的范围内,可以不考虑地球曲率对距离的影响,可采用独立平面直角坐标表示点的平面位置。

▶对高程影响很大(两点间的距离1 km,产生的高差误差为7.8 cm),故在高程测量中,应注意采取措施,减少地球曲率对高程的影响。

练习作业

1. 地面点的表示方法有哪些?

2. 什么是坐标与坐标增量?

3. 什么是高程与高差?

1.3　测量的基本工作及基本原则

1.3.1　测量的3项基本工作

坐标和高程一般是通过观测距离、角度及高差推算而得。如图1.9所示,已知A点、B点的坐标,测得水平角β、水平距离D,即可计算出P点的坐标。如图1.10所示,已知A点的高程,测得A点到B点的高差,即可计算出B点的高程为$H_B = H_A + h_{AB}$。故测量的3项基本工作为测角度、测距离、测高差。

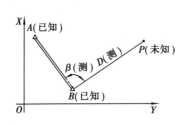

图1.9　确定点的平面位置

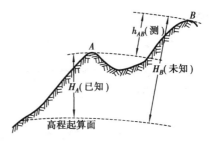

图1.10　推算点的高程

角度、距离与高差都是观测人员在一定的观测环境下,用测量设备观测所得。由于设备不尽完善,受观测人员视觉的限制及外界环境的影响,观测数据不可避免地会有误差。但误差必须控制在允许的范围内,为此测量工作必须遵循一定的基本原则。

1.3.2 测量工作的基本原则

由于误差不可避免,为了控制误差的积累,测量工作必须遵循布局上"从整体到局部",次序上"先控制后碎部",精度上"由高级到低级"的基本原则。同时,还要步步校核,校核合格后方可进入下一步工作。

为了减少测量误差的积累和提高工作效率,可先在测区内选定一些具有控制意义的点,如图 1.11 中 A, B, D, E 点等,用较精密的测量仪器和相应的测量方法,精确地测定出它们的坐标和高程,然后以这些控制点为依据,测绘出周围的细部点或进行放样。

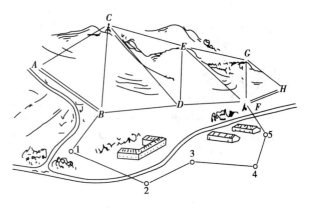

无论是地形测量,还是施工放样,都应本着这一基本原则,才可以既保证必要的精度,又不致使碎部测量出现误差积累,还可把整个测区分成几组同时测量,加快测绘进度。

图 1.11 测量工作程序

①测绘设备及其发展:

微倾式水准仪→自动整平水准仪→电子水准仪→数字水准仪

游标经纬仪→光学经纬仪→电子经纬仪 }→全站仪→GPS/RS/GIS 技术

钢尺→测距仪

②全球定位系统(GPS)、遥感(RS)、地理信息系统(GIS)代表测绘科学高新技术发展方向和水平,并逐渐普及到测量工作中。

练习作业

1. 测量的 3 项基本工作分别是什么?
2. 测量工作的基本原则是什么?

1. 填空题

(1)建筑工程测量的主要内容是_____。

(2)确定地面点位的基本要素是_____、_____、

_____。

(3)测量的3项基本工作是_____、_____、_____。

(4)绝对高程的起算面是_____;相对高程的起算面是_____。

(5)测量中用_____、_____表示点的空间位置。

(6)测量中,遵循"从整体到局部""先控制后碎部"和"由高级到低级"的基本原则的目的是_____。

(7)测量误差的主要来源是_____、_____、_____。

(8)若 $H_A = 200$ m,$H_B = 500$ m,则高差 $h_{AB} = $_____ m。

2. 计算题

(1)A,B 点的坐标分别为 $A(100,300)$,$B(500,200)$,则坐标增量 ΔX_{AB},ΔY_{BA} 分别为多少?

(2)若 A 点的坐标为 $A(200,100)$,A 点到 B 点的坐标增量 $\Delta X_{AB} = +50$ m,则 X_B 为多少?

教学评估

见本书附录1。

2 常用测量仪器

本章内容简介

水准仪及其使用

经纬仪及其使用

全站仪及其使用

本章教学目标

了解测量仪器的基本构造及其用途

掌握水准仪、经纬仪、全站仪的使用方法

能够对仪器进行常规检校与维护

合理地选用仪器,正确而熟练地使用仪器,是完成测量任务的基本保障。通过表2.1,可以了解到常用测量仪器及其用途。那么我们如何正确使用这些仪器呢?下面,就带大家去认识常用测量仪器并了解其使用方法。

表2.1　常用测量仪器及用途

仪器 / 作用	水准仪	经纬仪	全站仪
测高差	√(精度高)	√(精度低)	√(精度高)
测距离	√(精度低)	√(精度低)	√(精度高)
测角度	—	√(精度高)	√(精度高)
测坐标	—	—	√(精度高)
测图及放线	—	√(精度较低)	√(精度高)
主要用途	测高差	测角度	测角、测边、测高差、测坐标等

2.1　水准仪及其使用

水准仪的主要用途是测高差。

水准仪按精度分为 $DS_{0.5}$, DS_1, DS_3, DS_{10}, DS_{20},共5个等级。

水准仪按构造分为微倾式水准仪、自动整平水准仪、精密水准仪、数字水准仪等,如图2.1所示。DS_3型微倾式水准仪是工程测量中常用的水准仪。

"D"和"S"是"大地测量"和"水准仪"的汉语拼音的第一个字母,下标0.5,1,3,10,20表示该类仪器的精度,即每千米往返测高差中数的中误差,以 mm 为单位。

2.1.1　DS_3 微倾式水准仪的构造

如图2.2所示,DS_3 微倾式水准仪由望远镜、水准器、基座和附件组成。

1)望远镜

望远镜用于瞄准水准尺并读数,其放大倍率一般为25~30倍。望远镜由物镜、目镜、十字丝分划板、调焦透镜、物镜与目镜对光螺旋组成,如图2.3所示。

①物镜、目镜——使目标成像位于十字丝分划板上并一起放大。

②十字丝分划板——用于瞄准目标和读数。

（a）微倾式水准仪（1）

（b）微倾式水准仪（2）

（c）精密水准仪

（d）自动整平水准仪

（e）数字水准仪（1）

（f）数字水准仪（2）

图 2.1　水准仪

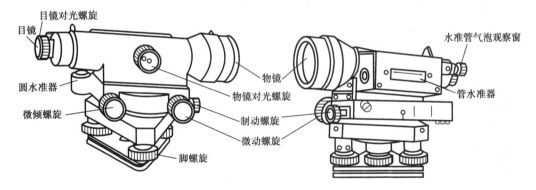

图 2.2　DS₃ 微倾式水准仪

$$十字丝分划板上刻有 \begin{cases} 十字丝（互相垂直的细长线）\begin{cases} 横丝：用于测高差 \\ 竖丝：用于判断是否瞄准目标 \end{cases} \\ 视距丝（上下两条短丝）：用于测距离 \end{cases}$$

③调焦透镜与物镜对光螺旋——→使目标清晰。

④目镜对光螺旋——→使十字丝清晰。

十字丝的交点与物镜光心的连线为视准轴。视线即视准轴的延长线。

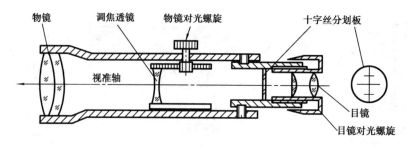

图 2.3 望远镜的构造

2)水准器

水准器分为管水准器和圆水准器两种,用来衡量视线是否水平。

①圆水准器气泡居中——→视线粗平。

②管水准器气泡居中——→视线精平。

过管水准器零点 O 的纵向切线 LL 为管水准器轴,如图2.4所示;过圆水准器零点 O 与球心的连线 $L'L'$ 为圆水准器轴,如图2.5所示。

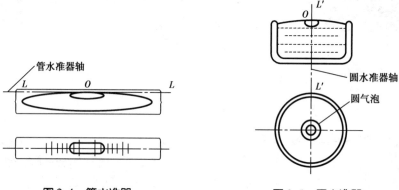

图 2.4　管水准器　　　　　图 2.5　圆水准器

③判断视线是否水平,借助于水准管气泡是否居中来衡量。当水准管气泡居中即表示水准管轴水平,即表示视线水平。前提条件:视准轴与水准管轴平行。

阅读理解

管水准器和圆水准器

(1)管水准器　管水准器是由一充有轻质液体的玻璃管加热后封闭冷却形成气泡而制成。管内壁圆弧中点称为水准管的零点。从水准管零点向两侧刻有数条间隔 2 mm 的分划线,相邻两分划线间圆弧所对的圆心角称为水准管分划值。DS₃ 微倾式水准仪的水准管分划值通常为 $\dfrac{20''}{2\ \text{mm}}$。为了提高水准管气泡居中精度,微倾式水准仪安装了一组符合棱镜系统,将气泡两端的影像反映到观察窗口,两半像符合时则气泡严格居中。

(2)圆水准器　圆水准器外形如圆盒状,玻璃内壁顶面为球面,球面顶点称为圆水准器零点。气泡中心偏离零点 2 mm 所对的圆心角称为圆水准器分划值。DS₃ 微倾式水准仪的圆水

准器分划值通常为 $\dfrac{8'}{2\ \text{mm}}$。

水准器的分划值越小，灵敏度越高。管水准器灵敏度比圆水准器灵敏度高。

3）基座

基座呈三角形，由基座、脚螺旋（3个）和连接板组成。基座支承仪器的上部并与脚架连接。

4）附件

①制动螺旋、微动螺旋——使望远镜在水平方向大动和微动。先制动后微动。

②微倾螺旋——使望远镜在竖直面内微倾。

5）水准尺和尺垫

水准尺和尺垫是与水准仪配套使用的工具。

（1）水准尺　水准尺为双面尺或单面尺，如图2.6所示。

①双面尺：整尺长 3 m，红、黑双面注记。黑面是主尺，尺底从零起算；红面是辅尺。尺底分别以 4 687 mm（A 尺）或 4 787 mm（B 尺）起算。等级水准测量时，A 尺、B 尺配对使用。

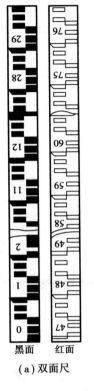

（a）双面尺　　　　（b）塔尺

图 2.6　水准尺

图 2.7　尺垫

②塔尺：全长 3~5 m，可以伸缩，稳定性差，只适用于精度较低的水准测量。

（2）尺垫　尺垫由三角形或圆形铸铁制成，下端有 3 个支脚，顶面为半球状，如图 2.7 所示。使用时，将支脚踩入土中，水准尺立于半球顶上，防止尺子下沉。

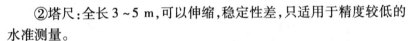

小组讨论

1. 如何使尺面清晰、十字丝清晰及消除视差？

2. 水准仪有哪几个螺旋？各起什么作用？

练习作业

1. 圆水准器、管水准器各起什么作用？

2. 怎样判断视线是否水平？

2.1.2 水准仪的使用

使用步骤:安置仪器→瞄准→精平→读数。

1)安置仪器

选好安置点,打开脚架使高度适中,架头大致水平,拧紧架腿伸缩固定螺旋。打开仪器箱取出仪器,连接在架头上,拧紧连接螺丝,调整脚螺旋,使圆气泡居中。

方法1:旋转脚螺旋,使圆气泡居中,其步骤如图2.8(a),(b),(c)所示。

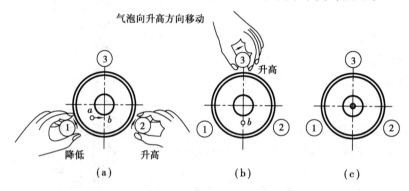

图2.8 圆水准器整平

方法2:移动脚架配合调脚螺旋,使圆气泡居中。步骤为:固定两只脚架→动一只脚架→移动与旋转脚架,使圆气泡大致居中→调脚螺旋使圆气泡居中。

$$\text{旋转脚螺旋}\begin{cases}\text{顺旋→升高}\\\text{逆转→降低}\end{cases};\quad \text{移动脚架(动一只)}\begin{cases}\text{内移→升高}\\\text{外移→降低}\\\text{左旋→左边升高}\\\text{右旋→右边升高}\end{cases}$$

观察思考

1. 观察左右旋转或内外移动脚架时圆气泡的移动方向。
2. 观察脚螺旋旋转方向不同时圆气泡的移动方向。

2)瞄准

瞄准即将水准仪的镜头对准水准尺,使尺面位于目镜视场中央,尺面清晰、十字丝清晰。瞄准步骤为:

①目镜对光:调目镜对光螺旋,使十字丝清晰。

②粗瞄:用望远镜上的准星、照门(或粗瞄器)瞄准水准尺,使尺面进入视场。

③物镜对光:调物镜对光螺旋,使尺面清晰。

④精瞄:调微动螺旋,使十字丝的竖丝位于尺面中央。

⑤消除视差:反复调节物镜与目镜对光螺旋,以消除视差。

⑥视差:眼睛在目镜处微微移动而读数发生变化的现象。产生的原因是目标影像没有位于十字丝分划板上,如图2.9(a)所示。

消除视差的方法:反复调节物镜、目镜对光螺旋,使目标影像落在十字丝分划板上,如图2.9(b)所示。

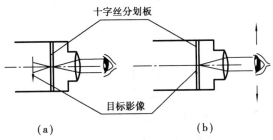

图2.9 视差产生原因

3)精平

调微倾螺旋,使水准管半像吻合,此时视线即达精平(前提条件:视准轴与水准管轴平行),如图2.10所示。

4)读数

读4位数,即 m,dm,cm,mm。精平后读数,mm 位估读。测高差按中横丝读数,测距离按上、下丝读数,如图 2.11 所示。

图2.10 精确整平

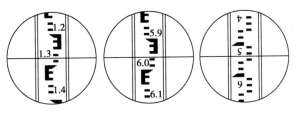

图2.11 水准尺读数

小组讨论

1. 水准仪的使用步骤能否颠倒?为什么?
2. 读数前为什么必须精平?

练习作业

1. 使圆气泡居中的方法有哪两种?
2. 使用水准仪时,如何瞄准?

实习实作

1. 管气泡居中后,圆气泡有可能偏离吗?试试看。

2. 练习水准仪的使用。

3. 使圆气泡居中的几种方法:只动脚架、只调脚螺旋、脚架及脚螺旋都调。试试看,你喜欢用哪种方法?

2.1.3　DS₃微倾式水准仪的检验与校正

水准仪的几何轴线及应满足的条件如图2.12所示。

①圆水准器轴 $L'L'$//竖轴 VV:当圆水准气泡居中时,仪器转到任意位置,气泡均居中。

②十字丝横丝⊥竖轴 VV:横丝水平,便于读数。

③水准管轴 LL//视准轴 CC:当水准管气泡居中时,视线水平。

其中,③是主要条件(提供水平视线);①,②是次要条件(方便精平、方便读数)。

1)圆水准器的检校($L'L'$//VV)

(1)检验　使圆水准器气泡居中,然后在仪器水平方向旋转180°,若气泡仍居中,则满足要求,否则应校正。

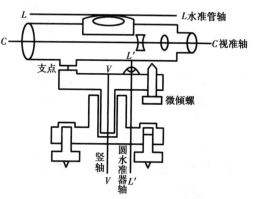

图2.12　水准仪的几何轴线

(2)校正　用校正针拨圆水准器的校正螺丝,使气泡退回偏离值的1/2。校正螺丝的位置如图2.13所示。

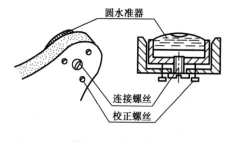

图2.13　圆水准器

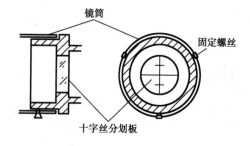

图2.14　十字丝分划板

2)十字丝分划板的检校

(1)检验　整平仪器,用十字丝中横丝的交点对准一点状目标,拧紧制动螺旋,转动微动螺旋,若点状目标始终在中横丝上移动,则满足要求,否则需校正。

(2)校正　松开十字丝分划板固定螺丝,转动十字丝环,使中横丝末端与点状目标重合,再旋紧固定螺丝,如图2.14所示。

3)水准管的检校

当水准管轴与视准轴平行,且当管气泡居中时,视线水平。

(1)检验

①在较平坦地段选定相距80 m左右的 A,B 两点,在中间安置仪器,测出 A 点到 B 点的高差 $h_{AB} = a_1 - b_1$,因仪器安置在两尺中间,$x_1 = x_2$,消除了 i 角对高差的影响,则高差为正确值。用双仪法或双面尺法至少测2次,测量结果之差不大于3 mm时取平均值 $\bar{h}_{AB}$ 为正确高差,如图2.15(a)所示。

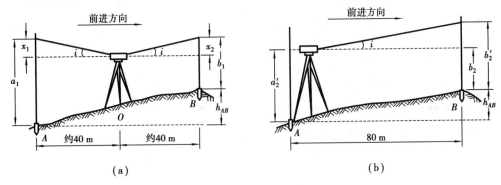

图2.15 水准管轴平行于视准轴的检校

②将仪器搬至 A 点(或 B 点)近旁(距水准尺3 m左右),如图2.15(b)所示,再测 A 点到 B 点的高差为:

$$h'_{AB} = a'_2 - b'_2 = a_{近} - b_{远}$$

$$\boxed{高差(h_{AB}) = 后视读数(a) - 前视读数(b)}$$

若 $h'_{AB} = \bar{h}_{AB}$,说明水准管轴与视准轴平行,满足要求;若 $h'_{AB} \neq \bar{h}_{AB}$,相差超过5 mm,则需要校正。

(2)校正

①算出远尺的正确读数。

$$h'_{AB} = a_{近} - b_{远}$$

式中 h'_{AB}——用仪器安置在中间时的平均高差 $\bar{h}_{AB}$ 代替;

$a_{近}$——因距离很近,视线倾斜的影响很小,视 $a_{近}$ 为近尺的正确读数。

远尺的正确读数为:$b_{远(正确)} = a_{近} - \bar{h}_{AB}$。

②调微倾螺旋,使远尺读数 $b_{远}$ 变为远尺的正确读数 $b_{远(正确)}$。此时视线水平,但水准管轴倾斜。

③用校正针拨水准管的校正螺丝,使管气泡居中,则水准管轴水平。

经上述②,③步骤,视线水平,水准管轴也水平,即水准管轴与视准轴平行。

注意:各项检校应反复进行,直至满足要求。其中,水准管轴与视准轴平行的检校,关系到是否能提供水平视线,应特别重视。

练习作业

1. 水准仪的几何轴线应满足的条件是什么?
2. 如何对圆水准器、十字丝分划板和水准管进行检验和校正?

2.2 经纬仪及其使用

经纬仪的主要用途是测角度。

经纬仪按精度(精度由高到低)分为 DJ_{07},DJ_1,DJ_2,DJ_6,DJ_{30},共5个等级;经纬仪按构造分为光学经纬仪(垂球对中、光学对中)和电子经纬仪。

建筑工程中,常用的光学经纬仪有 DJ_6 型、DJ_2 型。"D""J"分别是"大地测量"和"经纬仪"的汉语拼音的第一个字母;下标6,2分别表示仪器的测角精度,即仪器一测回方向观测中误差的秒数。

下面主要介绍 DJ_6 光学经纬仪。

2.2.1 DJ₆ 型光学经纬仪的构造

如图 2.16 所示,DJ₆ 型光学经纬仪由照准部、水平度盘、基座 3 部分组成。

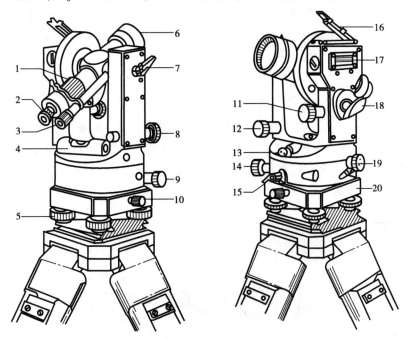

图 2.16 DJ₆ 光学经纬仪外形

1—物镜对光螺旋;2—目镜、目镜对光螺旋;3—读数显微镜;4—照准部水准管;
5—脚螺旋;6—物镜;7—望远镜制动螺旋;8,12—望远镜微动螺旋;9—水平微动螺旋;
10—固定螺旋;11—指标水准管微动螺旋;13—光学对中器;14—水平微动螺旋;
15—水平制动螺旋;16—指标水准管反光镜;17—指标水准管;18—度盘反光镜;
19—度盘变换手轮;20—基座

1)照准部

照准部是绕竖轴转动部分的总称,包括望远镜、竖直度盘、照准部水准管和读数装置。

(1)望远镜 望远镜的构造与水准仪相似。它可以水平转动及竖向转动,分别由水平和竖直方向的制、微动螺旋控制。

(2)竖直度盘(简称竖盘) 竖直度盘用于测天顶距和竖直角,位于望远镜的一侧。

(3)照准部水准管 照准部水准管用于精确整平仪器。圆水准器用于粗平仪器(有的经纬仪没有圆水准器)。

(4)读数显微镜 读数显微镜用于读取水平盘和竖盘的读数。

2)水平度盘

水平度盘,简称水平盘,用于度量水平角,并代替水平投影面。由光学玻璃制成,圆环形,有 0°~360°的刻画线,顺时针方向每格 1°或 30′注记。

3)基座

基座用于支承仪器的上部,并通过连接螺旋将仪器与三脚架相连接。它主要由轴座、脚螺旋和三角形底板组成。

仪器主要部件包括:2个镜筒——望远镜、读数显微镜;2个度盘——水平度盘、竖直度盘;2对螺旋——控制水平方向及竖直方向的制动螺旋、微动螺旋;2个水准管——照准部水准管、竖盘指标水准管;1个读数装置。

2.2.2 DJ$_2$型电子经纬仪构造

DJ$_2$型光学经纬仪与DJ$_6$大致相同,均由照准部、水平度盘、基座3个部分组成,如图2.17所示。两者主要不同在于读数设备,DJ$_2$增设了变换手轮,在读数窗中,只能看到一种度盘的影像,若需读另一度盘读数,必须用变换手轮进行转换。读数时,还需要转动测微轮,使分划线精确对齐,否则不能读数。

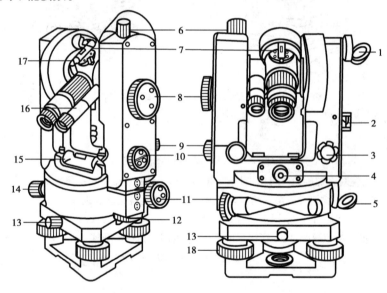

图2.17　DJ$_2$型光学经纬仪

1—竖盘反光镜;2—竖盘指标水准管观察镜;3—竖盘指标水准管微动螺旋;4—光学
对中器目镜;5—水平度盘反光镜;6—望远镜制动螺旋;7—光学瞄准器;8—测微轮;
9—望远镜微动螺旋;10—变换手轮;11—水平微动螺旋;12—水平度盘变换手轮;
13—中心锁紧螺旋;14—水平制动螺旋;15—照准部水准管;16—读数显微镜;
17—望远镜反光扳手轮;18—脚螺旋

2.2.3 DJ$_6$型光学经纬仪的使用

使用步骤:安置仪器→瞄目标→读数。

1)经纬仪的安置——对中、整平

对中的目的:使水平度盘的中心与测站点位于同一铅垂线上;整平的目的:使水平度盘

水平。

（1）对中与整平标准

①对中的标准：对于光学对中仪器，光学对中器分划板中心与地面点位中心重合；对于垂球对中仪器，垂球尖与地面点位于同一铅垂线上。

②整平的标准：仪器旋转到任意位置时，照准部水准管气泡均居中。

光学对中式经纬仪与垂球对中式比较，它具有精度高、不受风力影响等优点。

（2）光学对中经纬仪的安置　光学对中经纬仪的对中与整平配合进行，操作步骤为：

①将脚架安置在测站点上，架头大致水平，目估大概对中，装上仪器。

②调节光学对中器，调脚螺旋（拉伸及旋转），使对中器分划板及测站点影像清晰。

③移动脚架（一只或二只），大概对中，并踩紧3个脚架。

④调脚螺旋，进一步对中。

⑤伸缩脚架，使圆水准气泡居中。

⑥转动脚螺旋，使照准部管水准气泡居中，如图2.18所示。

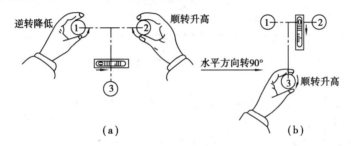

图2.18　经纬仪的精平方法

⑦松仪器连接螺旋，平移仪器，再次对中。

⑧重复⑥，⑦，反复对中与整平，直至对中与整平均满足要求为止。

如图2.18（a）所示，对向调1，2脚螺旋，使管水准气泡居中，则左右方向水平；如图2.18（b）所示，照准部水平方向转90°，调3脚螺旋，使管水准气泡居中，则前后方向水平。

一个平面上，相互垂直的两方向水平，则该面水平，即水平度盘水平。

▶光学对中的经纬仪与全站仪的安置，主要靠伸缩脚架整平，不可随便转动脚螺旋。

▶对中与整平需要反复进行。

▶整平：圆水准气泡居中，管水准气泡居中，最后以管水准气泡居中为准。

▶调脚螺旋：顺转升高，逆转降低。气泡始终位于高处。

▶仪器固定螺旋：一般情况不能动，否则不仅水平度盘读数不对，而且仪器的上部容易从基座上脱落。

2) 瞄目标

测水平角时,用竖丝瞄准目标;测天顶距或竖直角时,用中横丝瞄准目标。

瞄准步骤为:

①利用望远镜上的粗瞄器粗瞄目标。

②调目镜对光螺旋使十字丝清晰。

③调物镜对光螺旋使目标清晰。

④调微动螺旋精瞄目标,如图2.19所示。

⑤反复调节物镜与目镜对光螺旋,消除视差。

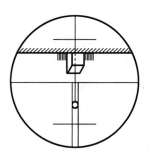

图 2.19　瞄目标测水平角
（图中为倒像）

知●识窗

> 视差的影响:瞄目标时存在视差,影响瞄准精度;读数时存在视差,影响读数精度。
> 消除视差的方法:反复调节物镜与目镜对光螺旋。

小组讨论

1. 安置仪器测角时,是否必须满足对中、整平?仪器的连接螺旋是否一定要旋紧?

2. 使用仪器时,不仅动作要轻,还应匀速转动,为什么?

3) 读数和置数

（1）读数方法

分微尺测微器的读数方法。如图 2.20 所示为读数窗,上窗为水平盘读数窗,下窗为竖盘读数窗。"水平"(H)或"—",表示水平盘;"竖直"(V)或"⊥",表示竖盘。

在图 2.20 读数窗中:

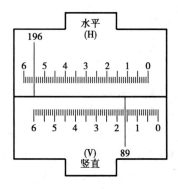

图 2.20　分微尺测微器读数窗

> 89,196 表示 89°,196°;
> 0,1,2,3,4,5,6 表示 0′,10′,20′,30′,40′,50′,60′;
> 1 小格为 1′。

小于 1 分的估读,将 1 小格分为 10 等分,1/10 小格为 6″,2/10 小格为 12″。

提问回答

请同学们读出图 2.20 中水平盘和竖盘的读数。

水平盘、竖盘影像:13,14,89,90 表示 13°,14°,89°,90°;1 小格表示 30′。
分微尺影像:10,15,20 表示 10′,15′,20′;1 大格表示 1′,1 小格表示 20″。

小于 20″的估读。读数时,转动测微轮,使度盘分划线移至双指标线中间。图 2.20 左窗水平盘读数为:15°00′ + 12′00″ = 15°12′00″;同理,右窗竖盘读数为 91°18′06″。

读数时,打开反光镜并调节读数显微镜使读数窗清晰,按前述 DJ₆ 型光学经纬仪的读数方法读数。注意:竖盘读数时,应调节指标水准管微动螺旋,使竖盘指标水准管气泡居中后再读数。

(2)置数

①置数的目的:瞄准目标后,使水平度盘的读数为某需要数。

②置数的方法有两种:用度盘变换手轮置数,即瞄准目标,拨度盘交换手轮,使读数为需要的数;用离合器配合测微器置数,即转动照准部,找所置的数,再用离合器固定此数后瞄目标,最后松开离合器。

两种置数的主要区别:前者是先瞄目标再找要置的数,后者是先找到要置的数再瞄目标。测水平角需要置数,测天顶距不需要置数。

1. 练习经纬仪的安置过程。
2. 练习经纬仪的读数和置数方法。

2.2.4 DJ₆ 型光学经纬仪的检校

测角对经纬仪的要求:水平度盘置于水平面内,望远镜俯仰时其视准轴应在同一铅垂面内。

1)经纬仪主要轴线间应满足的几何条件

(1)主要轴线 照准部水准管轴、竖轴、横轴、视准轴,如图 2.21 所示。

(2)主要轴线间应满足的几何关系 水准管轴⊥竖轴;视准轴⊥横轴;横轴⊥竖轴;十字丝的竖丝⊥横轴(便于瞄目标);指标差 = 0。

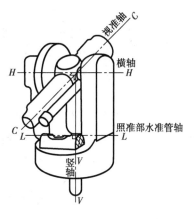

图 2.21 经纬仪几何轴线

2)经纬仪的检验与校正

(1)照准部水准管轴⊥竖轴

● 检验

①使圆水准气泡居中。

②使管水准气泡居中。

③仪器水平方向转 180°,若气泡仍居中,则满足要求,否则需要校正。

● 校正 用校正针拨水准管一端的校正螺旋,使气泡退回 1/2。

（2）十字丝的竖丝⊥横轴

● 检验

①整平仪器。

②用十字丝交点瞄准一点状目标。

③调竖向微动螺旋,若点状目标始终在竖丝上移动,则满足要求,否则需校正。

● 校正

①松十字丝环的固定螺旋。

②旋正十字丝环。

③上紧固定螺旋。

（3）视准轴⊥横轴

● 检验

①在平坦地面上,选择相距约 100 m 的 A,B 点,如图 2.22 所示。

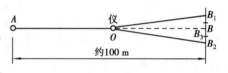

图 2.22　视准轴的检校

②在 A,B 连线的中间 O 点安置仪器,在 A 点竖立一标志,在 B 点横置一根有毫米分划的小尺,并使之垂直于 AB,与仪器大致同高。

③整平仪器,盘左瞄 A 点,倒镜,在横尺上得读数 B_1;盘右瞄 A 点,再倒镜,在横尺上得读数 B_2;若 B_1 与 B_2 重合,则满足要求,否则需要校正。

● 校正

①量取 $\frac{1}{4}B_1B_2$ 得 B_3 点,如图 2.22 所示。

②保持原盘右位置,用校正针拨十字丝分划板校正螺丝,使十字丝交点由 B_2 点移动到 B_3 点。

（4）横轴⊥竖轴

● 检验（如图 2.23 所示）

①在距墙 20 m 处安置经纬仪。

②盘左瞄墙高处 P 点（仰角约 30°）,固定照准部,放平望远镜,在墙上标出点 P_1。

③盘右瞄 P 点,固定照准部,放平望远镜,在墙上又标出点 P_2。若点 P_1 与点 P_2 重合,满足要求,否则需要校正。

● 校正　此项校正,需要打开支架的护盖,调整横轴一端的偏心轴承,由专业人员进行。

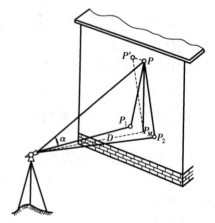

图 2.23　横轴⊥竖轴的检校

（5）指标差的检校

● 检验

①整平仪器,盘左、盘右分别瞄同一目标,指标水准管气泡居中,盘左竖盘读数为 L,盘右竖盘读数为 R。

②计算指标差:$X = \dfrac{1}{2}(L + R - 360°)$。若指标差超限,需要校正。

● 校正

①计算出正确的盘右竖盘读数:$R_{正确} = R - X$。

②保持盘右,瞄准原位置不变,旋指标水准管微动螺旋,使盘右读数由原来的 R 变为 $R_{正确}$。

③用校正针拨指标水准管校正螺丝,使气泡居中。

指标差与指标差的变动范围不是一回事。前者反映检校的质量,后者反映观测的精度。DJ_6 经纬仪指标差的限差为 $30''$。

上述各项检校必须反复进行,直至满足要求为止。检校完毕,校正螺丝应处于旋紧状态。

练习作业

如何对经纬仪进行检校?

阅读理解

(1)DJ_2 型光学经纬仪读数

图 2.24(a)为 DJ_2 型光学经纬仪读数窗,右上窗:上排数为(°);凸框中的数为 10′;图2.24(b),左窗:左排数为(′);右排数为 10″。读数时,转动测微轮,使读数窗由图2.24(a)变换为图2.24(b),刻划线上下对齐。最后读数 = 右上窗读数 + 左窗读数 = 96°30′ + 07′15″ = 96°37′15″。

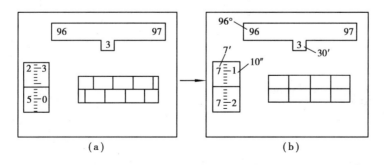

图 2.24 DJ_2 型光学经纬仪读数窗

图 2.25 读数窗中,左小窗:左排数为(′);右排数为 10″;右大窗:找出正像在左、倒像在

右、且相差 180° 的一对分划线。图 2.25(b) 中 62°(正像) 与 242°(倒像),错开一格为 10′,它们错开 2 格,则为 20′,度数为正像对应度数。读数时,转动测微轮使读数窗由图 2.25(a) 转换为图 2.25(b)。最终读数 = 大窗读数 + 小窗读数 = 62°20′ + 08′51″ = 62°28′51″。

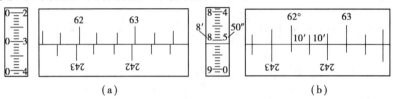

图 2.25　DJ₂ 型光学经纬仪读数窗(符合读数装置)

(2) 电子经纬仪简介

电子经纬仪是一种新型测角仪器,如图 2.26 所示。

①度盘读数直接显示:与光学经纬仪比较,主要区别在于读数系统,它由光电测角代替光学测角,度盘读数直接显示,不需估读。

②总体结构:由照准部、水平度盘、基座 3 个部分组成。

③操作方法:仪器的安置同光学经纬仪,其他操作与光学经纬仪基本相同,而且更简便。

图 2.26　电子经纬仪

□ 2.3　全站仪及其使用 □

全站仪是一种集电子测角、电子测距于一体的仪器。

认识全站仪。

2.3.1　认识全站仪

2.3.1　全站仪的构造

全站仪由光电测距仪、电子经纬仪和微处理机组成,有分体式与整体式两种。早期的全站仪为分体式。

1)分体式全站仪

分体式全站仪由测距仪和电子经纬仪两部分组合,测量时可用数据线将两部分连接起来,测量结束后拆开,分开装箱。分体式全站仪又称为速测全站仪,如图 2.27 所示。

2)整体式全站仪

整体式全站仪是组合全站仪的进一步发展,它将测距镜头和电子经纬仪的望远镜组合在一起,形成整体,使用起来更为方便,如图 2.28 所示。如果配上掌上电脑使用,将会更方便、更直观、更快捷。

图 2.27　速测全站仪　　　　　　　　图 2.28　全站仪(整体式)

　　　　　(分体式)

全站仪构造原理如图 2.29 所示。

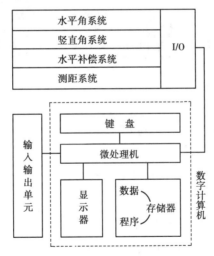

图 2.29　全站仪构造原理

2.3.2　全站仪的功能

全站仪在测站上不仅可同时测角(水平角、天顶距或竖直角)、测距(平距、斜距、高差)、测高程,还可进行高效率的施工测量(点的放样、悬高测量、对边测量、面积测量等)。有的全站仪还有强大的存储功能,可通过接口,将野外采集的数据传入计算机,配合绘图软件绘制出地形图。

　　工程上使用的全站仪品牌繁多,国外生产的全站仪有徕卡、拓普康、索佳、宾得等,国产的全站仪有南方、苏光等。各种全站仪虽然外观、键盘设置等各不相同,但大体都包括以下主要功能,使用时可对照说明书进行操作。

　　(1)角度测量　测量两方向线间的水平夹角,并根据需要进行左角和右角的显示切换;测定天顶距或竖直角,并根据需要进行天顶距和竖直角的显示切换;进行水平方向的置盘,进行竖直角和斜率百分比的转换。

　　(2)距离测量　测定两点间的距离,并可进行斜距、平距、高差的自动转换;进行距离放样。

　　(3)坐标测量　测定点的坐标,根据点的坐标进行坐标放样。

　　(4)对边测量　在不搬动仪器的情况下直接测定目标点与目标点间的平距、高差,还可得到3点或多点组成的多边形面积。

　　(5)悬高测量　用于测量无法安置棱镜的物体的高度,如高压线的悬高。

　　(6)数据采集　对测量获得的数据按不同模式进行存储管理。

　　(7)内存文件管理　对内存文件进行删除、输出、查询和初始化操作等。

　　(8)数据通信　进行仪器与测绘手簿、电脑、测绘通等外设的数据连接通信。

　　全站仪应与反光棱镜配合使用,它们的安置方法与经纬仪基本相同。反光棱镜如图2.30所示。

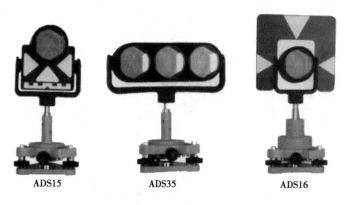

ADS15　　　　　　ADS35　　　　　　ADS16

图2.30　反光棱镜

2.3.3　全站仪的操作与使用

　　以徕卡TC(R)405型为例介绍全站仪的操作与使用。图2.31所示为徕卡TC(R)405型全站仪外观,显示屏及键盘如图2.32所示,菜单如图2.33所示。

　　1)常规测量——测角、测边

　　安置仪器,打开电源开关,做好测量准备。在测量过程中,可调用固定键、功能键中的功能,完成相应的测量任务。

　　若测两点间的距离,则在一端点安置仪器,另一端安置棱镜,瞄棱镜中心,按 测距 键,即可显示出两点间的水平距离、斜距、高差(测斜距及高差需要输入仪器高及棱镜高)。

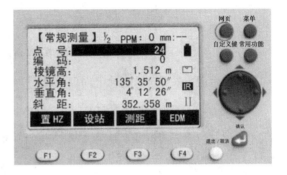

图 2.31　徕卡 TC(R)405 型全站仪　　　　**图 2.32　徕卡 TC(R)405 型全站仪屏幕及键盘**

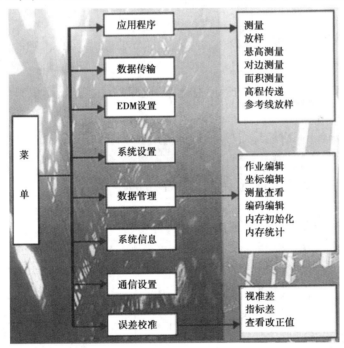

图 2.33　徕卡 TC(R)405 型全站仪菜单

2)应用程序的专项测量

(1)程序应用准备　在开始应用程序之前,需启动程序来组织设置测站数据,当用户选择一个应用程序后即可显示启动程序对话框,然后再一项一项地选择启动程序内容并进行设置。随后所有的数据都存放在这个作业/目录下。

(2)设置测站　每个目标点坐标计算都与测站的设置有关。测站点坐标可以人工输入,也可以在仪器内存中读取。人工输入步骤为:

①按 坐标 ,输入测站的点号和坐标。

②按 保存 ,保存测站坐标。输入仪器高。

③按 确认 ,按输入的数据设置测站。

（3）定向 可人工输入方位角,也可由已知坐标点定向。

方法1:人工输入方位角定向。步骤为:

①按 F_1 启动测量定向;输入水平角、棱镜高。

②瞄准后视点按 测角 记录定向值并测量。

③按 测存 记录定向值。

方法2:用坐标定向,此方法需要瞄一个有已知坐标的点。步骤为:

①按 F_2 启动坐标定向。

②输入定向点点号,并核对查到的点的数据。

③输入棱镜高,并确认。

④按 测量 设置定向并测量。

⑤按 确认 设置定向值。

（4）选择应用程序 可供选择的程序有测量、放样、对边测量、面积测量、高程传递、参考放线、悬高测量。

选择程序时:按 菜单 调用菜单;按 F_1 选择应用程序;按 $F_1 - F_4$ 激活需要的应用程序并弹出启动程序对话框;用翻面键翻页。

按选择的应用程序提示进行操作,以悬高测量为例。

如图2.34所示,有些棱镜不能到达被测点,可先瞄准其下方基准点上的棱镜,测量平距,再瞄悬高点,测出高差。步骤如下:

①输入点号和棱镜高,按 测存 测量基点并记录。

②瞄准悬高点,按 保存 保存测量数据;按 基点 输入并测量一个新基点。

a. 测量程序与常规测量相比,只是在引导设置测站、定向和编码等方面有所不同。

b. 使用全站仪前应认真阅读使用说明书,熟悉仪器的操作方法,严格遵守操作规程。

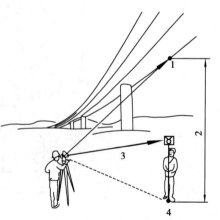

图2.34 悬高测量
1—悬高点;2—高差;3—斜距;4—基点

c. 一般操作步骤如下:安置仪器→开机→输入参数(棱镜常数、温度、气压、湿度等)→选定模式→测站数据输入→定向→选择(常规测量或应用程序)→按提示完成测量任务。

图2.35为某学校学生在库区长江堤防工地使用徕卡全站仪进行施工测量。

图 2.35　某学校学生在库区工地使用徕卡全站仪

2.3.4　全站仪的检验与校正

1)照准部水准管

(1)长水准管的检验与校正

• 检验

①将长水准管置于与某两个脚螺旋 A,B 连线平行的方向上,旋转这两个脚螺旋直至长水准管气泡居中。

②将仪器绕竖轴旋转 180°,观察长水准器气泡的移动,若气泡不居中则按下述方法进行校正。

• 校正

①利用校针调整长水准器一端的校正螺丝,将长水准气泡向中间移回偏移量的一半。

②利用脚螺旋调平剩下的一半气泡偏移量。

③将仪器绕竖轴再一次旋转 180°,检查气泡是否居中,若不居中,则应重复上述操作。

(2)圆水准器的检验与校正

• 检验

利用长水准器仔细整平仪器,若圆水准气泡居中,就不必校正,否则应按下述方法进行校正。

• 校正

利用校针调整圆水准器上的 3 个校正螺丝使圆水准气泡居中。

2)十字丝的校正

• 检验

①将仪器安置在三脚架上,严格整平。

②用十字丝交点瞄准至少 500 m 外的某一清晰点 A。

③望远镜上下转动,观察 A 点是否沿十字丝竖丝移动。

④如果 A 点沿十字丝竖丝移动,则说明十字丝位置正确(此时无须校正),否则应校正十字丝。

● 校正

①逆时针旋出望远镜目镜一端的护罩,可以看见 4 个目镜固定螺丝。

②用改锥稍稍松动 4 个固定螺丝,旋转目镜座直至十字丝与 A 点重合,最后将 4 个固定螺丝旋紧。

③重复上述检验步骤,若十字丝位置不正确则应继续校正。

以上校正完成后还需作下述校正:标差,倾斜补偿器零点差,标差、视准差设置。

3)仪器视准轴的校正

● 检验

①将仪器置于两个清晰的目标点 A,B 之间,仪器到 A,B 距离相等,约 50 m。

②利用长水准器严格整平仪器。

③瞄准 A 点。

④松开望远镜垂直制动手轮,将望远镜绕水平轴旋转 180° 瞄准目标 B,然后旋紧望远镜垂直制动手轮。

⑤松开水平制动手轮,将望远镜绕水平轴旋转 180°。设十字丝交点所照准的目标点为 C。C 点应与 B 点重合;若 B,C 不重合,则应按下述方法校正。

● 校正

①旋下望远镜目镜一端的保护罩。

②在 B,C 之间定出一点 D,使 CD 等于 BC 的 1/4。

③利用校针旋转十字丝的左、右两个螺丝,将十字丝中心移到 D 点。

④校正完后,应按上述方法进行检验,若达到要求则校正结束,否则应重复上述校正过程,直至达到要求。

4)光学对点器的检验与校正

● 检验

①将光学对点器中心标志对准某一清晰地面点。

②将仪器绕竖轴旋转 180°,观察光学对点器的中心标志,若地面点仍位于中心标志处,则不需校正,否则需按下述步骤进行校正。

● 校正

①打开光学对点器望远镜目镜护罩,可以看见 4 个校正螺丝,用校针旋转这 4 个校正螺丝,使对点器中心标志向地面点移动,移动量为偏离量的一半。

②利用脚螺旋使地面与对点器中心标志重合。

③再一次将仪器绕竖轴旋转 180°,检查中心标志与地面点是否重合,若两者重合,则不需校正;若不重合,则应重复上述校正步骤,直至重合。

5)激光对点器的检验与校正

● 检验

①按动激光对点器开关,将激光点对准某一清晰地面点。

②将仪器绕竖轴旋转 180°或 200 g,观察激光点,若地面点仍位于激光点处,则不需校正,否则需按下述步骤进行校正。

● 校正

①打开激光对点器的护罩,可以看见 4 个校正螺丝,用校针旋转这 4 个校正螺丝,使对点器激光点向地面点移动,移动量为偏离量的一半。

②利用脚螺旋使地面点与对点器激光点重合。

③再一次将仪器绕竖轴旋转 180°或 200 g,检查激光点与地面点是否重合,若两者重合,则不需校正;若不重合,则应重复上述校正步骤,直至重合。

2.3.5　全站仪的保养

①望远镜不能直接对准太阳,以免损坏发光二极管。

②在阳光和阴雨天气作业时,应打伞遮阳、遮雨。

③测量时应避开强磁场干扰,以免产生较大误差。

④应先关闭电源,再取出电池。

⑤应保持仪器干燥,注意防潮、防震、防尘。

⑥电池充电应按使用说明书的要求进行。

⑦使用完毕将仪器放入仪器箱前均应仔细清洁仪器。

⑧应将仪器保存在干燥、室温变化小的环境。

⑨为保证仪器的精度,应定期检验和校正仪器。

> ▶安置水准仪——应整平;安置经纬仪和全站仪——应对中与整平。
>
> ▶使用仪器——轻拿轻放、均匀旋转、先制动再微动。制动螺旋略紧。
>
> ▶全站仪的安置与经纬仪基本相同。
>
> ▶水平盘可以置数,竖盘不能置数。

2.4　GPS 定位技术测量

全球定位系统(GPS)是 20 世纪 70 年代由美国陆海空三军联合研制的新一代空间卫星导航定位系统,其主要是为陆、海、空三大领域提供实时、全天候和全球性的导航服务。用 GPS 同时测定三维坐标的方法将测绘定位技术从陆地和近海扩展到整个海洋和外层空间,从静态扩展到动态,从单点定位扩展到局部与广域差分,从事后处理扩展到实时(准实时)定位与导航,绝对和相对精度扩展到米级、厘米级乃至亚毫米级,使测量技术进入了一个高精度、高效率的数字化时代。

2.4.1　GPS 的构成

1）地面控制部分

地面控制部分由主控站（负责管理、协调整个地面控制系统的工作）、地面天线（在主控站的控制下，向卫星注入电文）、监测站（数据自动收集中心）和通信辅助系统（数据传输）组成。

2）空间部分

空间部分由 24 颗卫星组成，其中包括 3 颗备用卫星。卫星分布在 6 个轨道面上；卫星轨道面相对地球赤道面的倾角约为 55°。轨道平均高度为 20 200 km，卫星运行周期为 11 小时58 分。图 2.36 为 GPS 卫星星座和卫星。

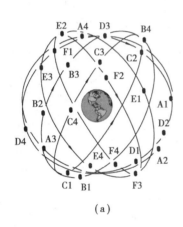

（a）

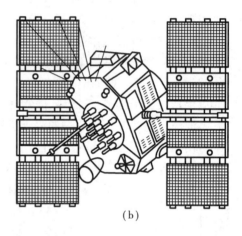

（b）

图 2.36　GPS 卫星星座和卫星

（a）GPS 卫星星座；（b）GPS 卫星

3）用户装置部分

用户装置部分主要由 GPS 接收机（如图 2.37 所示）和卫星天线组成。

图 2.37　GPS 接收机

GPS 接收机。

GPS 接收机

2.4.2　GPS 的主要特点

（1）全天候　GPS 测量不受气候条件的限制，在风雪雨雾中仍能进行正常观测，并且配备防雷电设施后变形监测系统还能实现全天候观测。这一点对于防汛抗洪、滑坡、泥石流等地质灾害监测应用领域来讲显得特别重要。

（2）全球覆盖　由于 GPS 卫星的数目较多，且分布合理，所以地球上任何地点均可以连续地同步观测到至少 4 颗卫星，从而保障了全球、全天候连续地三维定位。

（3）三维定速定时高精度　现已完成的大量实验表明，目前在小于 50 km 的基线上，其相对定位精度可达 $(1 \sim 2) \times 10^{-6}$，而在 $100 \sim 500$ km 的基线上可达 $10^{-6} \sim 10^{-7}$。随着观测技术与数据处理方法的改善，可望在大于 1 000 km 的距离上，相对定位精度可达到或小于 10^{-8}。

（4）快速省时高效率　随着 GPS 系统的不断完善，软件的不断更新，目前 20 km 以内静态相对定位仅需 $15 \sim 20$ min。快速静态相对定位测量时，当每个流动站与基准站相距 15 km 以内时，流动站观测时间只需 $1 \sim 2$ min。动态相对定位测量时，流动站观测时间只需 $1 \sim 2$ min，然后随即定位，每站观测时间仅需几秒钟。

（5）应用广泛多功能　GPS 系统不仅可用于测距、导航，还可用于测速、测时。测速的精度可达 0.1 m/s，测时的精度可达几十纳秒，其应用领域还将不断扩大。

2.4.3　GPS 的主要用途

（1）陆地应用　陆地应用主要包括车辆导向、应急反应、大气物理观测、地球物理资源勘探、工程测量、变形监测、地壳运动监测、市政规划控制等。

（2）海洋应用　海洋应用包括远洋船最佳航程航线测定、船只实时调度与导航、海洋救援、海洋探宝、水文地质测量、海洋平台定位、海平面升降监测等。图 2.38 为 GPS 监测海上勘探平台沉降示意图。

（3）航空航天应用　航空航天应用包括飞机导航、航空遥感姿态控制、低轨卫星定轨、导弹制导、航空救援和载人航天器防护探测等。

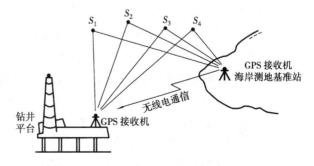

图 2.38　GPS 监测海上勘探平台沉降示意图

2.4.4 GPS 定位原理

24 颗 GPS 卫星在离地面 12 000 km 的高空上,以 12 h 的周期环绕地球运行,使得在任意时刻,在地面上的任意一点都可以同时观测到 4 颗以上的卫星。

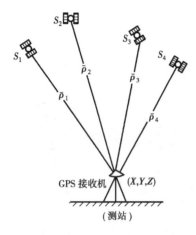

图 2.39 GPS 定位原理

在某一时刻卫星的位置精确可知,通过 GPS 观测,可得到卫星到接收机的距离,利用三维坐标中的距离公式和 3 颗卫星,就可以组成 3 个方程式,解出观测点的位置 (X, Y, Z)。考虑到卫星的时钟与接收机时钟之间的误差,实际上有 4 个未知数,即 X, Y, Z 和钟差,因而需要引入第 4 颗卫星,形成 4 个方程式进行求解,从而得到观测点的经纬度和高程,图 2.39 为 GPS 定位原理图。

由于卫星运行轨道、卫星时钟的误差,大气对流层、电离层对信号的影响以及人为的保护政策,使得民用 GPS 的定位精度在 15 m 左右。为提高定位精度,普遍采用差分 GPS(DGPS)技术,建立基准站(差分台)进行 GPS 观测,利用已知的基准站精确坐标,与观测值进行比较,从而得出一修正数,并对外发布。接收机收到该修正数后,与自身的观测值进行比较,消去大部分误差,就能得到一个比较准确的位置。

2.4.5 GPS 测量模式

1)静态测量模式

(1)常规静态测量模式 常规静态测量模式用于建立全球性或国家级大地控制网,建立地壳运动监测网、建立长距离检校基线、进行岛屿与大陆联测、钻井定位及精密工程控制网建立等。

(2)快速静态测量模式 快速静态测量模式用于控制网的建立及其加密、工程测量、地籍测量等。

静态测量模式是在一个已知测站上安置一台 GPS 接收机作为基准站,连续跟踪所有可见卫星。移动站接收机依次到各待测站,每测站观测数分钟。图 2.40 为 GPS 静态测量模式示意图。

2)动态测量模式

(1)准动态测量模式 准动态测量模式用于加密控制测量、工程定位及碎部测量、剖面测量及线路测量等。

准动态测量模式是在一个已知测站上安置一台 GPS 接收机作为基准站,连续跟踪所有可见卫星,移动站接收机在进行初始化后依次到各待测站,每测站观测几个历元数据。

(2)连续动态测量模式 连续动态测量模式用于精密测定运动目标的轨迹、测定道路的中心线、剖面测量、航道测量等。连续动态测量模式是在一个基准点安置接收机连续跟踪所有可见卫星,移动接收机在初始化后开始连续运动,并按指定的时间间隔自动记录数据。

(3)实时动态测量模式 前述的测量模式,都是在采集完数据后用特定的后处理软件进行处理,然后才能得到精度较高的测量结果。实时动态测量则是实时得到高精度的测量结果。

实时动态测量模式是在一个已知测站上架设 GPS 基准站接收机和建立数据链,连续跟踪所有可见卫星,并向移动站发送数据,移动站接收机接收基准站发来的数据,并在机内进行处理,从而实时得到移动站的高精度位置。

图 2.41 为实时动态测量模式示意图。这种模式的特点是:基准站将本站测量得到的数据传输到移动站,移动站接收到数据后,自动进行解算,实时得到经差分改正以后的坐标。

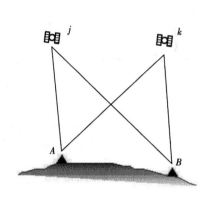

图 2.40　GPS 静态测量模式

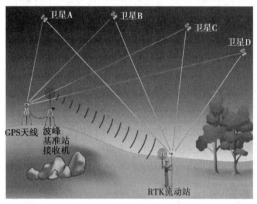

图 2.41　GPS 实时动态测量模式

2.4.6　GPS 在国民生产、生活中的应用

1)测量

GPS 利用载波相位差分技术,在实时处理两个观测站的载波相位的基础上,可以达到厘米级的精度。与传统的手工测量手段相比,GPS 技术有着巨大的优势:

①测量精度高。

②操作简便,仪器体积小,便于携带。

③全天候操作。

④观测点之间无须通视。

⑤测量结果统一在 WGS 84 坐标下,信息自动接收、存储,减少烦琐的中间处理环节。

2)交通

出租车、租车服务、物流配送等行业利用 GPS 技术对车辆进行跟踪、调度管理,合理分布车辆,以最快的速度响应用户的乘车或接送请求,降低能源消耗,节省运营成本。GPS 可结合电子地图,自动匹配最优路径,实现车辆的自主导向。民航运输通过 GPS 接收设备,可使飞机准确着陆,同时合理停放。

3)救援

利用 GPS 定位技术,可对人员进行应急调遣,提高紧急事件处理部门对火灾、交通事故等紧急事件和突发事件的响应效率。有了 GPS 的帮助,救援人员就可在人迹罕至、条件恶劣的大海、山野、沙漠,对失踪人员实施有效的搜索、救援。

4)农业

发达国家和地区已把 GPS 技术引入农业生产,即所谓的"精准农业耕作"。通过实施精准耕作,可在尽量不减产的情况下,降低农业生产成本,有效避免资源浪费,降低因施肥除虫对环境造成的污染。

5)娱乐消遣

随着 GPS 接收机的小型化以及价格的降低,GPS 逐渐走进了人们的日常生活。通过 GPS 人们可以在陌生的城市里迅速地找到目的地,并且可以最优的路径到达。野营者带着 GPS 接收机可快捷地找到合适的野营地点。一些电子游戏,也使用了 GPS 仿真技术。

6)GPS 在现代军事中的作用

GPS 现代化可更好地支持和保障军事行动。在军事行动中,在有危险或有威胁的环境下,GPS 能对作战成员的战斗力提供更好的支持,对他们的生命提供更安全的保障,能有助于各类武器发挥更有效的作用。

GPS 除了在各类运载器(包括载人和火器)的导航和定位方面发挥了巨大作用外,在对战斗人员的支持和援助中也发挥了关键性作用。

练习作业

1. 常用测量仪器有哪些? 如何使用?
2. 水准仪、经纬仪、全站仪的主要用途各是什么?
3. 水准仪、经纬仪和全站仪分别如何检校?

阅读理解

超站仪简介

超站仪(Super station instrument)(图 2.42),集合全站仪测角功能、测距仪量距功能和 GPS 定位功能,不受时间地域限制,不依靠控制网,无须设基准站,不受作业半径限制,是单人单机即可完成全部测绘作业流程的一体化的测绘仪器。超站仪主要由动态 PPP 定位软件、测角测距系统集成。动态 PPP 定位软件具有自动从网上搜索和下载 IGS 精密星历和钟差、进行非差精密定位解算等功能。超站仪动态单点绝对定位精度优于 0.3 m,静态单点定位精度为 1 cm。超站仪克服了一般使用的全站仪、GPS、RTK 技术的众多缺陷。

超站仪在全球任何地点都可以测得高精度的坐标,从实际上统一了全国坐标系。在一点架站,与基站连接,测出该点 WGS84 坐标,以另外的一个或多个已知点(或在接下来测量中要测定的另外一个点)定向,超站仪会自动计算坐标方位角(或在获得未知定向点坐标

图 2.42 超站仪

后再计算),然后进行碎部点测量,得出的图形可直接作为结果输出。

 习实作

1. 水准仪的安置、瞄准、读数。

2. 检校水准仪的圆水准器、十字丝分划板(旋转)、管水准器,使水准仪的轴线满足几何要求。

3. 经纬仪的安置、瞄目标、置数与读数。

4. 检校经纬仪的管水准器、十字丝分划板(旋转、平移)、指标水准管,使经纬仪的轴线满足几何要求。

5. 全站仪的安置。

6. GPS 的安置。

 习鉴定

1. 填空题

(1)水准仪之所以能测高差,是因为它能够提供＿＿＿＿＿＿＿＿。

(2)你如何判断水准仪提供的视线是否水平?＿＿＿＿＿＿＿＿＿＿＿＿＿＿＿＿。

(3)水准仪的几何轴线有:＿＿＿＿＿＿＿＿＿＿＿＿＿＿＿＿＿＿。应满足的几何条件
是:＿＿＿＿＿＿＿＿＿＿＿＿＿＿＿＿＿＿＿＿＿＿＿＿＿＿＿＿＿＿＿＿＿＿＿＿＿。
为什么视准轴∥水准管轴是最重要的几何条件?＿＿＿＿＿＿＿＿＿＿＿＿＿＿＿＿＿＿
＿＿＿＿＿＿＿＿＿＿＿＿＿＿＿＿＿＿＿＿＿＿＿＿＿＿＿＿＿＿＿＿＿＿＿＿＿＿＿。
如何检验、校正?＿＿＿＿＿＿＿＿＿＿＿＿＿＿＿＿＿＿＿＿＿＿＿＿＿＿＿＿＿＿＿。

(4)水准仪上圆水准器的作用是:＿＿＿＿＿＿＿＿＿＿;管水准器的作用是:＿＿＿＿＿
＿＿＿＿＿。当管气泡居中后,但圆气泡偏离,怎么办?＿＿＿＿＿＿＿＿＿＿＿＿＿＿＿
＿＿＿＿＿＿＿＿＿＿＿＿＿＿＿＿＿＿＿＿＿＿＿＿＿＿＿＿＿＿＿＿＿＿＿＿＿＿＿。

(5)经纬仪的主要轴线有:＿＿＿＿＿＿＿＿＿＿＿＿＿＿＿＿＿＿＿＿＿＿＿＿＿＿＿＿。
轴线间应满足的几何关系是:＿＿＿＿＿＿＿＿＿＿＿＿＿＿＿＿＿＿＿＿＿＿＿＿＿＿＿。

(6)经纬仪的安置包括对中和整平。对中的目的是＿＿＿＿＿＿＿＿＿＿＿＿＿＿＿＿;
整平的目的是＿＿＿＿＿＿＿＿＿＿＿＿＿＿＿＿＿＿＿＿。光学对中的经纬仪,主要靠＿＿＿＿＿
＿＿＿＿＿＿＿＿＿整平仪器。

(7)望远镜的十字丝的作用是＿＿＿＿＿＿＿＿＿＿＿＿＿＿＿＿＿＿＿＿＿＿＿＿＿;
上、下丝的作用是＿＿＿＿＿＿＿＿＿＿＿＿＿＿＿＿＿＿＿＿＿＿＿＿＿＿＿＿＿＿＿。

(8)瞄准目标后,图像不清晰,可调＿＿＿＿＿＿螺旋;十字丝不清晰,可调＿＿＿＿＿＿
螺旋。反复调节目镜与物镜对光螺旋,可消除＿＿＿＿＿＿。

（9）全站仪除能测距、测角外,还能快速完成＿＿＿＿＿＿＿＿＿＿＿＿＿＿工作。其安置与光学经纬仪是否相同?＿＿＿＿＿＿＿＿＿＿＿＿＿＿。

（10）GPS 的主要特有＿＿＿＿＿、＿＿＿＿＿、＿＿＿＿＿、＿＿＿＿＿和＿＿＿＿＿。

2. 填表题

填表说明经纬仪各部件的作用。

操作部件	作　用	操作部件	作　用
目镜对光螺旋		垂直制、微动螺旋	
物镜对光螺旋		指标水准管微动螺旋	
脚螺旋		水平度盘变换钮	
水平制、微动螺旋		光学对中器	

教学评估

见本书附录 1。

3 角度测量

本章内容简介

角度测量原理

角度观测

角度测量的主要误差

本章教学目标

理解水平角与天顶距的概念

掌握水平角及天顶距的观测与计算

熟悉角度测量的误差来源及消减方法

下图中 $\angle O'OA$ 位于一铅垂面内，$\angle AOB$ 位于一斜面上，$\angle aob$ 位于一水平面上。你能想象出它们的空间位置吗？如何测量它们的角度呢？下面，我们就来运用第 2 章学习过的测角仪器，学习如何测角。

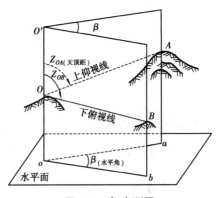

图 3.1　角度测量

□ 3.1　角度测量原理 □

测角仪器有经纬仪和全站仪。

3.1.1　角度的概念

1）水平角

地面上一点至两个目标的方向线在水平面上投影所成的角，称为水平角，如图 3.2 中的 β 角。

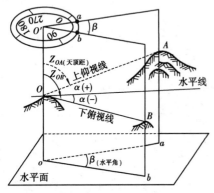

图 3.2　水平角测量

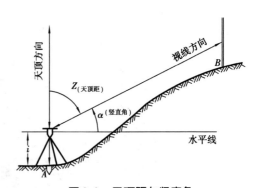

图 3.3　天顶距与竖直角

2) 竖直角和天顶距

（1）竖直角 竖直角指在同一竖直面内,视线与水平线的夹角,又称为高度角。仰角为正 (0 ~ +90°),俯角为负(-90° ~0),如图 3.3 中的 α 角。

（2）天顶距 天顶距指在同一竖直面内,视线与铅垂线天顶方向间的夹角(0 ~180°),如图 3.2 中的 Z 角。

由图 3.2 可知,竖直角与天顶距的关系: $Z + \alpha = 90°$。天顶距不存在负值,使用方便,可直接测得。

知 ● 识窗

在竖直面内:视线上倾时,α 为正值,$Z < 90°$ 称为仰角;视线下倾时,α 取负值,$Z > 90°$ 称为俯角;视线水平时,$\alpha = 0$,$Z = 90°$。

无论上倾还是下倾,天顶距恒为正。光学经纬仪、全站仪可直接测天顶距,不必区别视线上倾、下倾。因此,使用天顶距更方便。

观察思考

1. 至少瞄几个目标可以测出天顶距?至少瞄几个目标可以测出水平角?

2. 两视线方向的夹角以及两视线方向投影在水平面上的夹角,你能想象出它们的空间位置吗?

3.1.2 角度测量原理

1) 水平角测量原理

如图 3.1 所示,为了测定水平角,可安置一个水平度盘(0 ~ 360°顺时针刻画),且度盘中心 O' 与角顶点 O 位于同一铅垂线上,若两条方向线投影在水平度盘上的读数分别为 a, b,则 OA 与 OB 两方向间的水平角 β 为:

$$\beta = b - a \tag{3.1}$$

式中　b——夹角右边的读数;

　　　a——夹角左边的读数。

2) 竖直角和天顶距测量原理

如图 3.2 所示,为了测得竖直角或天顶距,可安置一个随望远镜一道转动的竖直度盘(简称竖盘),通过竖盘中心的铅垂线来指示读数,测得天顶距 Z。可由 $Z + \alpha = 90°$ 计算竖直角 α。

小组讨论

根据角度的概念和测量原理,各小组讨论并填写表3.1 的内容。

表 3.1

测量项目		定 义	计算公式	备注(角度的特征)
水平角 β				
竖直面 内的角	天顶距 Z			
	竖直角 α			

3.2 角度观测

3.2.1 水平角观测

1)水平角的观测方法

(1)测回法 测回法适用于测两个方向间的水平夹角。

(2)方向观测法 方向观测法适用于测两个以上方向间的水平夹角。

在建筑工程测量中,测回法是测水平角的主要方法,这里只介绍测回法。无论哪种方法,都要用盘左(正镜)、盘右(倒镜)位置观测。

知●识窗

> 盘左:竖盘位于观测者左边,又称为正镜;
>
> 盘右:竖盘位于观测者右边,又称为倒镜。
>
> 正镜或倒镜观测一次,称为半测回;正、倒镜各测一次,构成一测回。进行正、倒镜观测,成果取平均,可以消减仪器制造及检校不完善产生误差的影响,提高精度。

2)测回法测水平角

测回法测水平角如图 3.4、表 3.2 所示。

①在测站点安置经纬仪(对中、整平)。

②盘左:瞄夹角的左目标 A,置数 a,顺时针转动照准部;瞄夹角的右目标 B,读数 b,则盘左时的角值 $\beta_{盘左}=b-a$。

③盘右:瞄夹角的右目标,读数 c,逆时针转动照准部;瞄夹角的左目标,读数 d,则盘右时的角值 $\beta_{盘右}=c-d$。

以上②,③分别称为上、下半测回,由上、下半测回构成一测回。

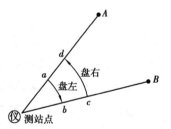

图 3.4 测回法测水平角

a—置数;b,c,d—读数;

箭头—仪器旋转方向

④一测回角值 β_1：

$$\beta_1 = \frac{1}{2}(\beta_{盘左} + \beta_{盘右}) \tag{3.2}$$

为了提高精度,当需要测多测回时,应重复②,③步骤,最后取多测回的平均值。

精度要求:上、下两半测回角值之差小于等于 $\pm 40''$,各测回角值互差小于等于 $\pm 24''$。

表3.2 测回法记录计算表

测站	度盘位置	目标	水平度盘读数	半测回角值	一测回角值
O	左	A	0°01′12″	57°17′36″	57°17′42″
		B	57°18′48″		
	右	A	180°01′06″	57°17′48″	
		B	237°18′54″		

注意:半测回水平夹角 = 夹角右目标的读数 − 夹角左目标的读数;不够减时加360°。

识窗

　　测水平角置数:第一测回置数略大于 $0°00′00″$;以后各测回则在上一测回的基础上递增 $\frac{180°}{n}$, n 为总的测回数。例如总测回数为3测回,第1测回置数略大于 $0°00′00″$;第2测回置数略大于 $60°00′00″$;第3测回置数略大于 $120°00′00″$。

　　置数目的:消除水平度盘刻画不均匀误差的影响。

　　测回法测水平角瞄的第一个目标是夹角的左边目标。

小组讨论

1. 一个测回需要置几次数?是否每测回都需要置数?第一测回所置的数与总的测回数有关吗?

2. 计算公式:半测回水平角 = 夹角右边目标的读数 − 夹角左边目标的读数。盘左、盘右都这样计算吗?为什么?

观看视频

观看用经纬仪测水平角的过程。

用经纬仪测
水平角

练习作业

1. 水平角观测的方法有哪两种？各适宜于什么场合？
2. 什么叫半测回？什么叫一测回？
3. 完成测回法记录计算表。

测回法记录计算表

测站	度盘位置	目标	水平度盘读数	半测回角值 (° ′ ″)	一测回角值 (° ′ ″)
O	左	A	0°01′12″		
		B	80°20′50″		
	右	A	180°01′10″		
		B	260°20′49″		

3.2.2 天顶距观测

由于测天顶距简捷直观,便于计算,故通常测天顶距(Z),算竖直角(α)。

1) 竖盘与读数系统

为了测天顶距或竖直角,经纬仪设置有竖盘与读盘系统,如图3.5所示。

(1) 竖盘 竖盘用于测天顶距或竖直角,玻璃圆环形的刻画盘上有0°～360°的刻画线。竖盘固定在横轴的一端,随望远镜一起转动,利用不动的指标读数。竖盘旁边设有指标水准管。

(2) 指标水准管 指标水准管用于判断指标是否处于正确位置。指标水准管气泡居中,才能对竖盘读数。旋指标水准管微动螺旋的作用是使气泡居中。

2) 指标差

(1) 指标差 如果光轴与竖盘指标水准管轴不垂直,即使是指标水准管气泡居中,指标仍然没处在竖直的正确位置,其偏差值称为指标差,用 x 表示。

(2) 指标差的计算 盘左:指标水准管气泡居中,竖盘读数为L;盘右:指标水准管气泡居中,竖盘读数为R。则指标差:

$$x = \frac{1}{2}(L + R - 360°00'00'') \qquad (3.3)$$

注意:指标差要带符号,例如 $+20''$, $+6''$;指标差

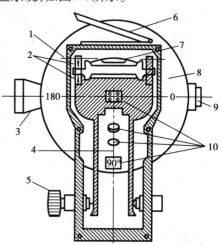

图3.5 DJ₆光学经纬仪的竖盘与读数系统
1—竖盘指标水准管轴;2—竖盘指标水准管校正螺丝;3—望远镜;4—光具组光轴;5—竖盘指标水准管微动螺旋;6—竖盘指标水准管反光镜;7—竖盘指标水准管;8—竖盘;9—目镜;10—光具组的透镜棱镜

本身的大小,反映检校仪器质量的高低,指标差的变动范围,则反映观测精度。

3)天顶距的观测与计算

(1)天顶距的观测

①在测站上安置经纬仪(对中、整平)。

②盘左:用十字丝中丝截取目标,调竖盘指标水准管微动螺旋,使指标水准管气泡居中,读取竖盘读数 L。

③盘右:操作同盘左,读取竖盘读数 R(注意:十字丝中丝截取目标位置与盘左相同)。

以上盘左、盘右构成一测回。

(2)天顶距的计算

天顶距:$Z = L - x$;

指标差:$x = \dfrac{1}{2}(L + R - 360°00'00'')$

当精度要求不高时,取盘左读数为天顶距,即 $Z = L$;

竖直角:$\alpha = 90° - Z$。

(3)精度要求   DJ$_6$ 光学经纬仪指标差的变动范围不大于 $\pm 25''$。

观看用经纬仪测天顶距的过程。

用经纬仪测
天顶距

完成下表的计算:

天顶距观测手簿

站点	觇标高	竖盘读数		指标差	天顶距 (Z)	竖直角 (α)
		盘左(L)	盘右(R)			
A	1.000	107°01′30″	252°58′20″			
B	2.000					

1. 测水平角不需要量仪器高,测天顶距呢?

2. 测天顶距,一测回盘左、盘右必须瞄目标同一高度位置,为什么?

活动建议

组成小组,完成水平角及天顶距的观测、记录与计算。

知识窗

> ➤角度包括:水平角、竖直角和天顶距。
> ➤测水平角,需要瞄两个方向,测天顶距,只需瞄一个方向。
> ➤测水平角需要置数,测天顶距不需要置数。
> ➤测水平角、天顶距都需要盘左盘右观测。
> ➤瞄同一目标,盘左盘右水平盘读数之差的理论值为180°00′00″。
> ➤瞄同一目标,盘左盘右竖盘读数之和的理论值为360°00′00″。

3.3 角度测量的主要误差

角度测量过程中,无论测量仪器有多精密,观测有多仔细,始终存在误差。为了提高测角精度,应了解误差的来源及消减方法。

3.3.1 水平角测量的误差

1)仪器误差

主要来源:仪器检校不完善的残留误差;制造加工不完善引起的制造误差。

消减方法:正、倒镜观测多个测回,取平均值。

2)操作误差

主要来源:对中误差、整平误差、瞄准误差和读数误差。

消减方法:严格对中,认真整平。每一测回应保证仪器精平,注意减小目标偏心差。竖立的标志应尽量低(包括棱镜),瞄准目标时,尽量瞄目标底部,用单丝平分或用双丝夹住目标(目标粗用双丝夹,目标细用单丝压),并认真对光,消除视差。

3)外界环境的影响

主要来源:地面不坚实,刮风使仪器不稳定,气温变化引起仪器主要轴线关系的变动,光线强弱对照准和读数的影响等。

消减方法:选择合适的观测点架设仪器,选择合适的观测时段和气象条件,撑伞保护等。

3.3.2　天顶距测量的误差

1)仪器误差

主要来源:竖盘分划误差、指标差和竖盘偏心差。

消减方法:

①竖盘分划误差无法消减,但本身很小,可忽略不计。

②指标差可用正倒镜观测,由式 $Z = L - x$ 消除。

③竖盘偏心差是指竖盘旋转中心与分划中心不一致而引起的读数误差,采用对向观测(往、返观测)且标高等于仪高进行消除。

2)操作误差

主要来源:指标水准管气泡居中误差,瞄准误差和读数误差。

消减方法:

①指标水准管气泡严格居中。

②瞄目标时,用十字丝的横丝精确截准目标的某一位置。

③仔细对光消除视差。

实习实作

1. 测水平角(测回法)。
2. 测天顶距。

练习作业

1. 水平角和天顶距的变化范围是怎样的?
2. 测角时,为什么要进行盘左、盘右观测?

1. 填空题

(1)测角仪器不仅要具备相应的几何条件,而且在测站上还必须严格地_____,以保证水平度盘_____。望远镜俯仰扫出的面为_____面。

(2)测水平角时,用十字丝的_____丝瞄目标;测天顶距时,用十字丝的_____丝瞄目标;测距离时,需要读取_____丝的读数。

(3)测水平角,至少需要瞄_____个目标;测天顶距,只需要瞄_____个目标。

(4)水平角的变化范围为_____°;天顶距的变化范围为_____°。

(5)在什么情况下选用测回法测水平角?_____;测回法测角,第一个目标如何选择?_____;一测回置数,需要置_____次。测天顶距需要置数吗?_____。

(6)测水平角,由于存在对中误差、照准误差而影响测角精度,这种影响与边长的关系为边越短,误差越_____。

(7)测水平角,测天顶距,为什么都要盘左、盘右观测?_____。盘左时,应_____转照准部;盘右时,应_____转照准部。

(8)用经纬仪观测水平角时,尽量照准目标的底部,其目的是消除_____对测角的影响。

2. 问答题

(1)简述测回法的测角操作步骤。

(2)角度测量时主要有哪些误差?

3. 计算题

（1）完成下表计算。

测回	竖盘位置	目标	水平度盘读数	半测回角值	一测回角值 （° ′ ″）	各测回角值 （° ′ ″）
第一测回 O	左	A	0°01′12″			
		B	78°48′58″			
	右	A	180°01′13″			
		B	258°49′00″			
第二测回 O	左	A	90°01′12″			
		B	168°49′02″			
	右	A	270°01′15″			
		B	348°49′04″			

（2）完成下表计算。

测站	目标	测回	盘左读数	盘右读数	指标差 （″）	天顶距 （° ′ ″）	各测回天顶距平均值 （° ′ ″）
A	P	1	93°30′24″	266°29′32″			
	P	2	93°30′22″	266°29′36″			

学评估

见本书附录1。

4　距离测量

本章内容简介

钢尺量距

经纬仪视距

测距仪、全站仪测距

直线定向

坐标正反算

本章教学目标

掌握测量距离的常用方法

掌握直线定向的概念

掌握方位角的概念及其推算

正确进行坐标正反算

问 题引入

考考你：一步能迈出多少距离？你可以用钢尺量。长江大桥有多长？两个山头之间的距离有多远？用钢尺测就比较困难！

别急，让我来告诉你解决的方法。

4.1 钢尺量距

4.1.1 量距工具

1）钢尺

钢尺由薄钢带制成，一般有 20 m,30 m,50 m 等几种规格。一般刻画至 cm,在钢尺的起点处 1 dm 内注记至 mm,有的钢尺全部注记至 mm。

根据钢尺零点位置的不同，钢尺分为端点尺和刻线尺。端点尺是以尺环外缘作为尺子的零点；而刻线尺是以尺的前端刻线为起点。钢尺大多为刻线尺，而常用的皮尺一般为端点尺。

2）测钎、标杆和垂球

（1）测钎　用粗钢丝制成，用来标定所量尺段的起讫点位置，以便计算已量过的整尺段数。

（2）标杆　一般用铝合金制成，杆上涂红白相间的油漆，用来标定直线。

（3）垂球　用来向地面投点。

3）温度计和弹簧秤

由于钢尺丈量时其长度受温度和拉力影响，实际长度往往不是其标定的长度，实际丈量时需要对其由于外界温度和拉力影响产生的误差进行改正，因此，实际丈量时必须对外界温度和丈量时使用的拉力进行测定，以便进行该项误差改正。

温度计和弹簧秤就是用来测定量距时的外界温度和使用的拉力。

4.1.2 一般量距

钢尺量距按精度不同分为一般量距和精密量距。两种方法在定线和量距方法上都不相同。

1）直线定线（目估定线）

若丈量的距离比整尺段长，或地面起伏较大，为防止出现折线量距，需要在直线方向上标定一些点，相邻点间的距离小于一整尺段，这项工作称为直线定线。

定线方法有目估法和经纬仪法。一般量距用目估法定线,精密量距用经纬仪定线。

目估法定线:在 A, B 两点竖立标杆,测量员甲站在 A 点标杆后,瞄准 B 点标杆,并指挥测量员乙在略小于一整尺段处左右移动标杆,直至 A 点、2 点、B 点 3 个标杆位于同一条直线上,如图 4.1 所示。同样可标定出 1 点等其余点。直线定线一般由远到近逐步进行。

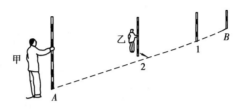

测钎　标杆

图 4.1　目估法定线

观看直线定线的过程。

直线定线

2)量距方法

(1)平地丈量距离　平坦地区量距如图 4.2 所示。后尺手(测量员甲)站在 A 点,手持钢尺零端,前尺手(测量员乙)持末端沿丈量方向前进,走到一整尺段处,按定线标出的直线方向将尺拉平,前尺均匀增加拉力至标准拉力,后尺手将零点对准起点 A,喊"好"时,前尺手即将测钎按末端整尺段处的刻线垂直插入地面,即得 A—1 整尺段。同样丈量其余各尺段。最后不足整尺段时,前后尺手同时读数相减即可得该段长度。

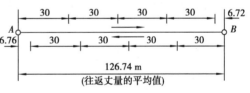

图 4.2　平坦地区量距

A, B 间的水平距离为:

$$D = nL + q \tag{4.1}$$

式中　L——整尺段长度;

　　　n——整尺段数;

　　　q——末段长。

为提高精度,往往采用往返观测取平均值作为丈量结果,量距精度以相对误差表示。

相对误差为:

$$\frac{|D_{往} - D_{返}|}{D_{平均}} = K \tag{4.2}$$

相对误差以分子为 1 的形式表示,分母越大,精度越高。

57

（2）倾斜地面丈量　倾斜地面丈量有平量法和斜量法两种。

①平量法。当地面起伏变化不大时常采用平量法。丈量时由高点向低点进行,后尺手握尺的零刻线对准 A 点,前尺手将尺抬高拉平,用垂球尖将尺段末端投点于地面,然后插测钎,如图4.3（a）所示。若坡度较陡,可将一整尺段分段丈量,各段丈量值总和等于总水平距离。

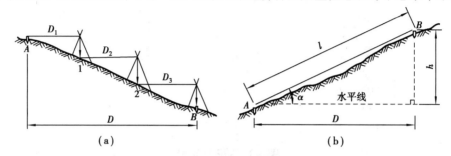

图4.3　倾斜地面丈量

（a）平量法量距;（b）斜量法量距

②斜量法。当倾斜地面的坡度均匀时,可以沿斜坡丈量 AB 的斜距 l,测出地面倾角 α 或两点的高差 h_{AB},如图4.3（b）所示。然后算出两点间的水平距离。

$$D = \sqrt{l^2 - h^2} \tag{4.3}$$

或　　　　$$D = l\cos\alpha \tag{4.4}$$

用30 m的钢尺,丈量约150 m的 A,B 点间的水平距离。用一般量距方法。

4.1.3　精密量距

当量距精度要求在 10^{-4} 以上时,必须采用精密量距方法进行丈量。

1）定线方法（经纬仪定线）

①在端点 A 架经纬仪瞄准另一端点 B。

②用钢尺进行概量,在视线上依次定出比钢尺整尺段略小的尺段 $A1,12,23,34,45,56,6B$,并打下木桩。如图4.4所示。

③利用经纬仪定线,依次在各桩顶面上画一条线,使其与 AB 方向重合,并在其垂直方向上画线形成"十"字作为丈量标志。

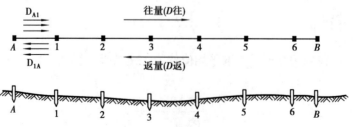

图4.4　钢尺精密量距

2)丈量方法

丈量由 5 人完成,2 人拉尺,2 人读数,1 人指挥并读取温度和记录。

①后尺手用弹簧秤控制拉力使其等于标准拉力。

②当拉力等于标准拉力并稳定后,前、后尺手同时读数,同时记录现场温度。

③用水准仪测量尺段木桩顶间的高差。

注意:每尺段要往、返量 3 次,3 次误差不大于允许值,取平均。每量一次要前后移动钢尺位置。

3)成果计算

①由于钢尺长度误差、温度影响、桩顶不等高等因素,使丈量结果受到影响,因此丈量结果要分段进行尺长改正(Δl_d)、温度改正(Δl_t)、倾斜改正(Δl_h)3 项改正。

$$\Delta l_d = \frac{(l_{实} - l_{名})l_i}{l_{名}} \tag{4.5}$$

$$\Delta l_t = 0.000\ 012\ 5(t - t_0)l_i \tag{4.6}$$

$$\Delta l_h = \frac{-h^2}{2l_i} \tag{4.7}$$

式中　$l_{实}$——钢尺实际长度;

　　　$l_{名}$——钢尺上注记的长度,称为名义长;

　　　l_i——丈量值;

　　　t——丈量时的温度;

　　　t_0——钢尺标准温度。

②3 项改正后的距离(分段)为 $l_i + \Delta l_d + \Delta l_t + \Delta l_h$。

③往量结果 $D_{往}$ 为往量各段改正后的值相加:$D_{往} = \sum_1^n D_{i往(改)}$。

④返量结果 $D_{返}$ 为返量各段改正后的值相加:$D_{返} = \sum_1^n D_{i返(改)}$。

⑤最后结果 D_{AB} 为往返丈量结果的平均值:$D_{AB} = \dfrac{D_{往} + D_{返}}{2}$。

⑥精度要求:相对误差不大于允许值。

 实习实作

对指定的两点,用经纬仪定线(每小组 4 人)。

4.1.4　量距误差

量距误差的主要种类有:

(1)定线误差　量距时由于钢尺没有准确地安放在待测距离的直线方向上,所量的是折线而不是直线,从而造成量距结果偏大。

(2)尺长误差　由于钢尺的名义尺长与标准尺长不等所产生的误差,并随着量距的增加而增加。钢尺虽然经过检定,但钢尺的误差不可能绝对消除。

（3）温度误差　由于丈量时的温度与钢尺检定时的标准温度不一致而产生的误差，以及进行温度改正时由于测温误差对量距产生影响。

（4）拉力误差　由于钢尺具有弹性，在不同的拉力下，钢尺的伸长量将会不同，从而对量距结果产生影响。

（5）钢尺倾斜误差　尺面没有位于桩顶面而产生的误差。

（6）读数误差　两端未能同时读数，或尺子未稳定就读数而造成误差。

实际测量中应注意减小或避免各种误差的影响。

4.2　经纬仪视距

视距测量是利用光线透过光学镜片的折射原理进行测量的一种间接光学测距方法。具体地讲，它是利用测量仪器望远镜内的十字丝分划板上的视距丝及水准尺，根据光学原理和三角学原理间接测定两点间的水平距离和高差。视距测量的精度较低，约为 1/300，用于地形测量中。

4.2.1　视距测量原理及计算公式

1）视线水平时的测量（用水准仪）

地势平坦时，可在 A 点安置水准仪，在 B 点立水准尺，利用水准仪提供的水平视线，读取上丝、下丝读数。如图 4.5 所示，上丝读数为 b，下丝读数为 a，则水平距离：

$$D = Kl \tag{4.8}$$

式中　K——视距乘常数，一般为 100；

　　　l——上、下丝的间隔，$l = a - b$，以 m 为单位。

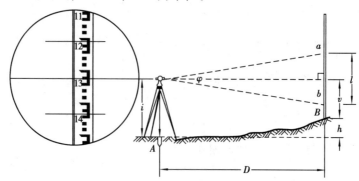

图 4.5　视线水平时的视距测量

2）视线倾斜时的测量（用经纬仪）

地面起伏较大时，视线倾斜，可在 A 点安置经纬仪，在 B 点立水准尺，如图 4.6 所示。瞄水准尺读数：上丝读数为 b，下丝读数为 a，中丝读数为 v，盘左竖盘读数为 L，盘右竖盘读数为 R。则：

水平距离：$D = Kl \sin^2 Z$

$$\tag{4.9}$$

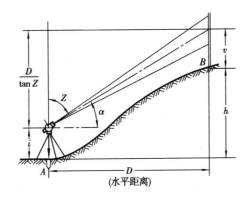

图 4.6 视线倾斜时的视距测量

A 到 B 的高差：$h_{AB} = \dfrac{D}{\tan Z} + i - v$ \hfill (4.10)

式中 K——视距乘常数，一般为 100；

         l——上、下丝读数差，以 m 为单位；

         i——仪器高；

         v——中丝读数；

         Z——天顶距，$Z = L - x$；

         x——指标差，$x = \dfrac{1}{2}(L + R - 360°00'00'')$。

4.2.2   视距测量的误差来源

①仪器制造误差，使 K 值不等于 100。

②尺子分划误差造成尺间隔误差。

③观测者瞄准及读数误差。

④标尺倾斜引起的误差。

⑤外界环境，如风力、水气、阳光等产生的影响。

4.3   测距仪和全站仪测距

4.3.1   测距原理

    测距仪的测距原理是利用已知光速的光波，测定它在两点间的传播时间 t，从而计算距离。如图 4.7 所示，测定 A，B 两点的距离时，可将测距仪安置于 A 点，另一端 B 安置反射棱镜，观测后可按式 (4.11) 求

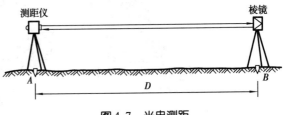

图 4.7   光电测距

A,B 两点间的距离：

$$D = \frac{1}{2}Ct \tag{4.11}$$

式中　C——光波的传递速度；

　　　t——测距仪从发出到接收载波信号的时间。

4.3.2　测距仪和全站仪

测距仪和全站仪是用电磁波测距的仪器。

测距仪不能单独使用，必须与经纬仪配合使用，若与电子经纬仪配合，且用电缆线连接，就构成了速测全站仪，如图 4.8 所示。

全站仪如图 4.9 所示，它是一种集光、机、电、算、储存于一体的全能型测量仪器，不仅能测距，还可以测角、测高差，以及其他很多种专项测量。

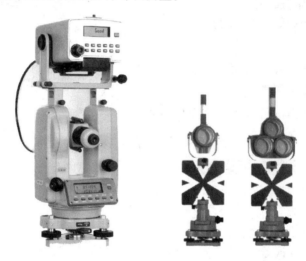

图 4.8　速测全站仪（测距仪与电子经纬仪组合）及配套的单、三棱镜

图 4.9　全站仪

4.3.3　测距的基本操作

1）安置仪器

在测站点 A 安置测距的仪器（测距仪或全站仪）。若用测距仪测距，则在测站上安置好经纬仪后，再在经纬仪的上方安置测距仪。

2）安置反光镜

在另一端点 B 安置三脚架（方法同安置经纬仪），装上反光棱镜，对向测距仪，如图4.7所示。

3）测距步骤

①开机，将测得的气压、温度输入测距主机。

②用望远镜照准目标。

③按测距键启动测距并显示结果。

知识窗

▶测距仪器显示的水平距离为 A,B 两点间的真实水平距离；显示的斜距不一定是真实距离；显示的高差也不一定是真实高差。

只有考虑了仪器高和棱镜高后，所显示的斜距与高差才是与地面两点间对应的值。

▶大气折射率对光速的影响较大，大气折射率随大气温度和气压变化而变化，因此在光电测距作业中，要现场测定大气温度和气压并置入仪器中，以便改正。

练习作业

1. 度量距离的方法有哪些？分别适用于什么场合？
2. 用什么指标衡量度量距离的精度？

活动建议

对照仪器，了解全站仪的键盘操作。

4.4 直线定向

要确定地面上 A,B 两点的相对位置,仅仅知道它们的距离是不够的,还必须知道它们所在的方向。确定直线的方向称为直线定向。直线定向要解决两个问题:标准方向的确定以及直线与标准方向间水平夹角的测定。

4.4.1 标准方向

1)真子午线方向

通过地球表面某点的真子午线的切线方向,称为该点的真子午线方向。真子午线方向可用天文测量方法和陀螺经纬仪测出。

2)磁子午线方向

通过地球表面某点的磁子午线的切线方向,称为该点的磁子午线方向。磁子午线方向可用罗盘仪测定。

3)坐标纵轴方向

坐标纵轴:平面直角坐标系中的纵向轴线(X 轴)。

坐标纵轴方向:过地面某点与坐标纵轴平行的方向就是该点的坐标纵轴方向。

4.4.2 方位角与象限角

1)方位角

(1)定义 过直线的起点做标准方向线,从标准方向线的北端(或坐标纵轴的正方向)开始,沿顺时针方向量到该直线的水平夹角,称为该直线的方位角。

用方位角表示直线的方向。直线 AB 的方向用 A 点到 B 点的方位角 α_{AB} 表示,如图 4.10 所示。

(2)方位角的特性

①方向性:直线 AB 与 BA 方向相反,方位角也不同。我们把 α_{AB} 与 α_{BA} 称为互为正反方位角,它们的换算关系为:

$$\alpha_{AB} = \alpha_{BA} + 180°$$
$$\alpha_{BA} = \alpha_{AB} + 180°$$

当结果超过 360°,则减 360°。

②方位角变化范围为 0°~360°。

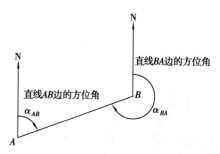

图 4.10 方位角的概念

（3）方位角的分类　标准方向为真子午线方向的称真方位角;标准方向为磁子午线方向的称磁方位角;标准方向为坐标纵轴方向的称坐标方位角。测量中,多用磁方位角与坐标方位角。

实习实作

用罗盘仪测出指定方向的磁方位角。

2）象限角

某直线与坐标纵轴所夹的锐角称为象限角,用 R 表示。变化范围为 $0°\sim90°$。象限角前要注明方位,如图 4.11 所示,北东（R_{01}）、南东（R_{02}）、南西（R_{03}）、北西（R_{04}）。

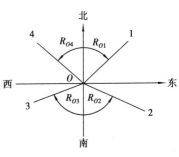

图 4.11　象限角的概念

3）方位角与象限角的关系

如图 4.12 所示,方位角与象限角的关系如下:

Ⅰ象限:$\alpha_{01} = R_{01}$;

Ⅱ象限:$\alpha_{02} = 180° - R_{02}$;

Ⅲ象限:$\alpha_{03} = 180° + R_{03}$;

Ⅳ象限:$\alpha_{04} = 360° - R_{04}$。

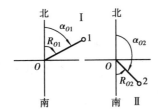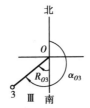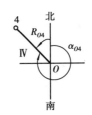

图 4.12　象限角与方位角的关系

4.4.3　方位角的推算

在实际测量工作中,为保证测区控制网的坐标统一,往往并不直接测定每条边的方位角,而是通过与两已知点的连测或通过测定某边的方位角,用相关水平角推算的。

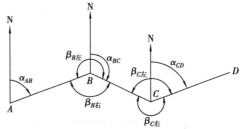

1）左角和右角

如图 4.13 所示,沿前进方向 $A \to B \to C \to D$ 左侧的角称为左角,用 $\beta_{左}$ 表示;沿前进方向 $A \to B \to C \to D$ 右侧的角称为右角,用 $\beta_{右}$ 表示。

2）方位角推算

图 4.13　左角、右角概念及方位角的推算

图 4.13 中,某边的方位角,可用相邻已知边的方位角按如下左角或右角公式进行计算。

左角公式:$\alpha_{BC} = \alpha_{AB} + 180° + \beta_{左}$　　　　　　　　　　　（4.12）

右角公式:$\alpha_{BC} = \alpha_{AB} + 180° - \beta_{右}$　　　　　　　　　　　（4.13）

计算的结果若小于 0°,则加 360°;若大于 360°,则减 360°。

练习作业

1. 如何推算方位角?

2. 方位角的变化范围如何? 坐标增量的符号与方位角的关系是怎样的?

4.5 坐标正、反算

要推算点的坐标,要得到施工测量中的放样数据,就必须学会坐标正、反算。

4.5.1 坐标正算

如图 4.14 所示,坐标正算的步骤:由边长 D_{AB},方位角 α_{AB} 推算出坐标增量(ΔX_{AB},ΔY_{AB});由坐标增量(ΔX_{AB},ΔY_{AB})及点的坐标(X_A,Y_A)推算出另一点的坐标(X_B,Y_B)。即:

$$由 \quad D_{AB},\alpha_{AB} \xrightarrow{推算出} \left.\begin{matrix}(\Delta X_{AB},\Delta Y_{AB})\\ A(X_A,Y_A)\end{matrix}\right\} \xrightarrow{推算出} B(X_B,Y_B)$$

A 点到 B 点的坐标增量:
$$\begin{cases} \Delta X_{AB} = D_{AB} \times \cos \alpha_{AB} \\ \Delta Y_{AB} = D_{AB} \times \sin \alpha_{AB} \end{cases} \tag{4.14}$$

B 点的坐标:
$$\begin{cases} X_B = X_A + \Delta X_{AB} \\ Y_B = Y_A + \Delta Y_{AB} \end{cases} \tag{4.15}$$

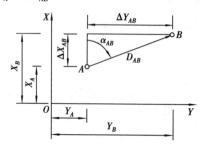

图 4.14 坐标正算、反算

小组讨论

判别图 4.14 中 ΔX_{AB},ΔY_{AB},ΔX_{BA},ΔY_{BA} 的符号。

4.5.2 坐标反算

如图 4.14 所示,坐标反算的步骤是:由两已知点坐标推算出坐标增量,由坐标增量推算出边长、方位角。即

$$(X_A, Y_A), (X_B, Y_B) \xrightarrow{\text{推算出}} (\Delta X_{AB}, \Delta Y_{AB}) \xrightarrow{\text{推算出}} D_{AB}, \alpha_{AB}。$$

坐标增量:
$$\begin{cases} \Delta X_{AB} = X_B - X_A \\ \Delta Y_{AB} = Y_B - Y_A \end{cases} \tag{4.16}$$

边长:
$$D_{AB} = \sqrt{\Delta X_{AB}^2 + \Delta Y_{AB}^2} \tag{4.17}$$

象限角:
$$R = \left| \arctan \frac{\Delta Y_{AB}}{\Delta X_{AB}} \right| \tag{4.18}$$

计算方位角时,先根据坐标增量的符号判断直线所在象限(如图 4.15 所示),再按方位角与象限角的关系,将象限角换成方位角。

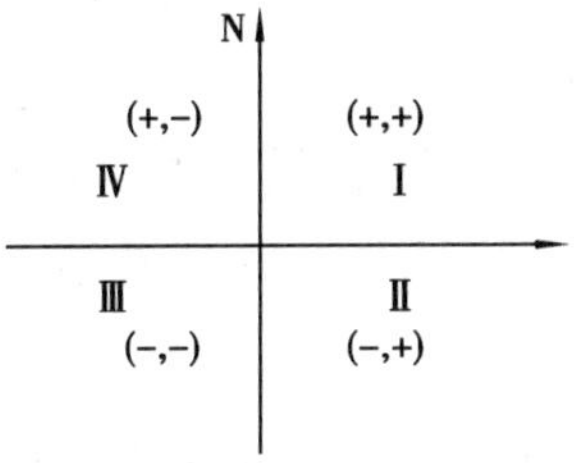

图 4.15 各象限坐标增量符号

坐标正反算时,还可用学生常用计算器中的 a, b 键计算,很方便。若算出的方位角为负值,应加上 360°。

练习作业

如何进行坐标正反算?

实习实作

1. 用标杆目估定线,用经纬仪精密定线。

2. 用钢尺平量法量距。

3. 用经纬仪视距测量测定两点间的水平距离。

4. 用全站仪测量两点间的平距、斜距。

1. 填空题

(1)度量距离的方法有_____三种;若没有测距仪器,而地面坡度大,精度要求不高时,可用_____方法。

(2)确定直线方向的工作称为_____;用目估法或经纬仪法把许多点标定在某一已知直线上的工作称为_____。

(3)直线定向的标准方向有_____、_____、_____。直线的方向用_____表示。坐标方位角是以_____为标准方向,_____时针旋转到该直线的水平夹角。

(4)方位角的变化范围是_____°;象限角的变化范围是_____°。方位角与象限角如何互换?_____

(5)量测距离的精度,用_____衡量。若往返两次观测 AB 两点间的水平距离,结果为 149.975 m、150.025 m,则 AB 水平距离的最后结果是_____m;相对误差为_____。

(6)在 A 点安置经纬仪,B 点立尺,测得尺间隔为 $l=0.356$ m,天顶距为 $Z=90°10'00''$,中丝读数为 $v=1.95$ m,仪器高为 $i=1.45$ m。则 A,B 两点间的水平距离为_____m,A 点到 B 点的高差为_____m;B 点到 A 点的高差为_____m。

(7)A,B 两点的坐标分别为 $A(130.35,198.11)$、$B(200.76,278.52)$,则直线 AB 方位角的变化范围为_____,水平距离为_____m。

2. 绘图题

(1)绘图说明:方位角的定义,方位角与象限角的关系,不同象限坐标增量的符号。

(2)绘图说明:坐标增量、边长、方位角三者间的关系。

3.计算题

（1）如下图所示，前进方向为 $A \rightarrow B \rightarrow C \rightarrow D$，试求 C 点到 D 点的方位角。

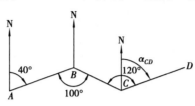

（2）如下图所示，已知 $\alpha_{12} = 48°35'06''$，$\beta_2 = 131°19'20''$，$\beta_3 = 133°04'15''$，试计算坐标方位角 α_{23}，α_{34}；若 1 点坐标为（228.91，427.45），$D_{12} = 131.63$ m，求 2，3 点的坐标。

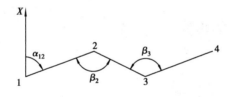

（3）已知 A，B 两点坐标 A（7 463.921，5 358.886），B（7 572.575，4 765.652）求 α_{AB}，D_{AB} 和 α_{BA}。

学评估

见本书附录1。

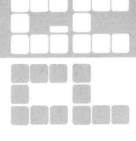
5   高程测量

本章内容简介

水准测量

三角高程测量

本章教学目标

理解水准测量及三角高程测量的原理

掌握水准测量及三角高程测量的外业观测与内业计算

熟悉水准测量、三角高程测量中的误差来源与消减方法

问 题引入

建筑物有多高,珠穆朗玛峰峰顶高程是多少,水库水位是多少,场地是否水平,桥墩是否等高,如何量测? 当你学了高程测量这部分内容,就知道了。

测量地面点高程的工作,称为高程测量,即通过测定地面点间的高差,并根据已知点高程求出未知点高程。

高程测量按使用的仪器和施测方法不同分为水准测量、三角高程测量和气压高程测量。本章主要介绍工程中常用的水准测量和三角高程测量。

5.1 水准测量

水准测量使用的仪器和工具有水准仪、水准尺和尺垫。

5.1.1 水准测量原理

利用水准仪提供的水平视线在两水准尺上读数,由读数计算高差,由高差计算高程。

1) 一测站的高差及校核

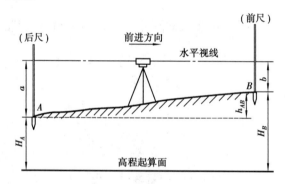

图 5.1 水准测量原理

(1) 一测站的高差　如图 5.1 所示,若求 A 到 B 的高差,则其步骤为:

①在 A,B 点立水准尺。

②在 A,B 点中间安置水准仪。

③利用水准仪提供的水平视线在两尺上读数,后视读数为 a,前视读数为 b。

④由读数计算 A 到 B 的高差: $h_{AB} = a - b$。

> 一测站高差 = 后视读数 - 前视读数

$H_B = H_A + h_{AB}$——这种由高差推算高程的方法称为高差法；

$H_B = (H_A + a) - b$——这种由视线高推算高程的方法称为视线高法。

高差法与视线高法比较：一般情况用高差法；当安置一次仪器需要测多点高程时，用视线高法更方便、快捷。

（2）测站校核　测站校核的目的是检查该测站所测高差是否正确。测站校核方法有双仪高法和双面尺法两种。

双仪高法：在测站上，安置2次仪器，测2次高差，若两高差吻合，则该测站成果正确。

双面尺法：在测站上，安置1次仪器，分别读水准尺的黑、红两面，算出黑、红两面对应的高差。若两高差之差没超过允许误差，则该测站成果正确；否则，重测。

观看用水准仪测高差的过程。

普通水准仪测高差

自动安平水准仪测高差

2）一测段的高差及校核

（1）一测段的高差　AB 测段如图 5.2 所示，当 A，B 点间相距较远或高差较大或遇有障碍、通视较差等，安置一次仪器不能测出 A，B 两点高差，则要设若干测站，连续进行观测，求出各测站高差，各测站高差之和即为该测段的高差。

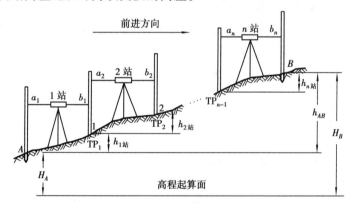

图 5.2　高程传递

A 点到 B 点的高差为：$h_{AB} = h_{1站} + h_{2站} + h_{3站} + \cdots + h_{n站}$

$$一测段高差：h_{AB} = h_{1站} + h_{2站} + h_{3站} + \cdots + h_{n站}$$

测站高差：$h_{站} = a_i - b_i$。

图 5.2 中"TP"点称为转点，仅起传递高程作用，地面上没有标志，也不需要求出高程。A，B 点为已知点或未知点，地面上有标志。

（2）测段校核　一个测站,高差是否正确,测站校核可判断;一个测段,高差是否正确,单从该测段观测资料,不能判断;一条水准路线,观测成果是否正确,能够判断。对于一条水准路线,当高差的闭合差不大于允许值,成果正确且精度合格。所以,测高差时,必须按照一定的路线进行观测,否则就不能判断观测成果是否正确、精度是否合格。

练习作业

1. 水准测量的原理是什么?
2. 如何求一测站高差和一测段高差?

知识窗

①高差的符号:高差可能为正、可能为负,还可能为零。

高差 = 后视读数 a – 前视读数 b

高差为" + "表示 A 到 B 为上坡;

高差为" – "表示 A 到 B 为下坡;

高差为"0"表示 A,B 位于同一水平面上。

②施工中的抄平,常用视线高法:若 A 点高程为 H_A,后视点 A 的尺上读数为 a,则视线高程为 $H_i = H_A + a$。此时,在不动仪器的情况下,若读得若干个前视点 $1,2,\cdots,n$ 的读数为 $b_1,b_2,\cdots,b_n$,则各前视点 $1,2,\cdots,n$ 点的高程为 $H_1 = H_i - b_1, H_2 = H_i - b_2, \cdots, H_n = H_i - b_n$。

观察思考

1. 水准测量中为什么要确定前进路线?
2. 高差的正负号与坡度有什么关系?
3. 水准尺上读数的大小与立尺点高低有什么关系?
4. 在同一站上,瞄不同的目标,视线高相同吗?
5. 构成该测段的各站高差正确,并不等于该测段高差正确,为什么?

小组讨论

已知点和待求点在地面上有标志,而转点在地面上没有标志。转点仅仅起传递高程的作用,要使高程传递正确,在转点上立尺有什么要求?为什么?需要计算出转点的高程吗?为什么?

5.1.2 普通水准测量

知◉识窗

水准测量依精度不同分为一、二、三、四等。一等精度最高,不属于国家等级的水准测量称为普通水准测量。等级水准测量对所用仪器、工具的要求以及观测和计算方法详见现行测量规范。等级水准测量的基本原理与普通水准测量相同。

普通水准测量是工程测量中测定高程的主要方法之一。工作内容包括:选定测量线路,埋设水准点标志,观测高差,精度评定,推算高程。

1)水准点

用水准测量测定的高程控制点称为水准点,通常用"BM( )"表示。括号内为水准点的等级及编号。例如 BM($Ⅲ_6$)表示国家三等水准点,编号为6。

水准测量就是从水准点开始引测其他点的高程,次级水准点的高程由高级水准点引测确定。

水准点有临时水准点和永久性水准点两种,根据需要选定。水准点应布设在土质坚硬、使用方便、便于保存的地方。

2)水准路线

水准路线指由水准点连接而成的测量路线。水准路线的布设形式有闭合水准路线、附合水准路线、支水准路线。三种水准路线的特点、图示及校核条件见表5.1。

表5.1 3 种水准路线的名称、特点、图示及校核条件

名称	特点	图示	校核条件
闭合水准路线	从已知点出发,测经待定点,回到出发的点		$\sum h = 0$
附合水准路线	从已知点出发,测经待定点,终止于另一已知点		$\sum h = H_终 - H_始$
支水准路线	从已知点出发,往测至待定点,再返测回出发点		$\sum h_往 + \sum h_返 = 0$

若干个测站组成一个测段;若干个测段组成一条水准路线。水准测量只有按水准路线进行观测,才有校核条件,才能判断出观测成果精度是否合格。

3)水准测量外业观测、记录与计算

布设好水准点,选好水准路线后即可进行观测。

如图 5.3 所示,BM_A,BM_B 为已知点(地面上有标志);C 点为待求点(地面上有标志);TP_1,TP_2,TP_3 为转点(地面上没有标志,不需求它们的高程)。

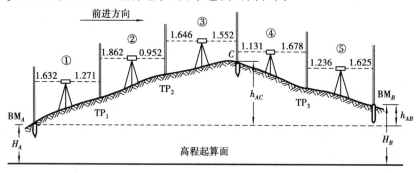

图 5.3　水准测量

观测路线为 $BM_A \xrightarrow{\text{经第一测段(3 站)}} C$ 点 $\xrightarrow{\text{经第二测段(2 站)}} BM_B$。

水准线路为附合水准路线,共 5 个测站,2 个测段。

(1)观测与记录　观测顺序如图 5.3 所示,记录见表 5.2。

表 5.2　普通水准测量记录手簿

测　站	点　号	水准尺读数/m		高差 h/m		高程/m	备　注
		后视 a	前视 b	+	-		
1	BM_A	1.632		0.361		19.153	已知
	TP_1		1.271				转点
2	TP_1	1.862		0.910			转点
	TP_2		0.952				
3	TP_2	1.646		0.094			未知点
	C		1.552				
4	C	1.131			0.547		转点
	TP_3		1.678				
5	TP_3	1.236			0.389		已知
	BM_B		1.625			19.580	
计算校核	$\sum$	7.507	7.078	1.365	0.936		
	$\sum a - \sum b = +0.429$			$\sum h = +0.429$			

①在 A 点立尺(后视尺),在转点 1 立尺(第一站的前视点);在 A 点与 1 点之间安置水准仪。

②第 1 站:后视 A 点 ——→精平——→黑面中横丝读数为 1.632,记入手簿。前视 TP_1 ——→精

平——黑面中横丝读数为 1.271，记入手簿。

③第 1 站结束后，TP_1 点尺不动（可以转向，但高度不变），仪器搬至下一站，继续观测，依次测至 C 点、B 点。

④计算各站高差：h_{A1}，h_{12}，h_{2C}，h_{C3}，h_{3B}，如 $h_{A1} = 1.632\ m - 1.271\ m = +0.361\ m$；计算测段高差：$h_{AC} = h_{A1} + h_{12} + h_{2C}$，$h_{CB} = h_{C3} + h_{3B}$。

（2）高差计算校核

①计算各站高差和：$\sum h$。

②计算后视读数和、前视读数和：$\sum a$，$\sum b$。

③计算校核：若 $\sum h = \sum a - \sum b$，则计算无误，否则应重算。

    计算校核与精度校核的区别：计算校核是检查计算是否出错；精度校核是检查观测成果精度是否合格。计算出错，要重算；而精度不合格，要重测。

4）水准测量成果计算

（1）计算目的　判断观测成果精度是否合格，推算未知点的高程。

（2）判断观测成果精度是否合格　若高差闭合差 $f_h \leqslant$ 高差闭合差允许值 $f_{h允}$，则观测成果精度合格。

①计算高差闭合差：实测高差与理论高差之差为高差闭合差，用 f_h 表示。计算式为：

附合水准路线高差闭合差：　$f_h = \sum h - (H_{终} - H_{始})$ （5.1）

闭合水准路线高差闭合差：　$f_h = \sum h - 0$ （5.2）

支水准路线高差闭合差：　$f_h = \sum h_{往} + \sum h_{返} - 0$ （5.3）

高差闭合差 f_h 自带符号，计算时要特别注意。

②计算高差闭合差允许值：普通水准测量的高差闭合差的允许值 $f_{h允}$，单位为 mm，按下式计算。

平地：　$f_{h允} = \pm 40 \sqrt{L}$ （5.4）

山地：　$f_{h允} = \pm 12 \sqrt{n}$ （5.5）

式中　L——水准路线的总长度，以 km 计；

       n——水准路线的测站数。

（3）高差闭合差的分配　$f_h \leqslant f_{h允}$，说明观测成果精度合格，但是不能直接用实测的高差推算未知点的高程，而要将 f_h 分配在各测段的实测高差中，求出各测段改正后的高差，再用改正后的高差推算未知点的高程。

①计算（各测段）高差改正数：高差闭合差 f_h 由各测段共同产生，也应由各测段共同分担。分配原则是：

山区:反号按站数成正比例,分配在各个测段的实测高差中。

平地:反号按线路长成正比例,分配在各个测段的实测高差中。

第 i 测段的高差改正数: $v_i = \dfrac{-f_h}{\sum n} \times n_i$(山地) $\qquad$ (5.6)

或 $\qquad v_i = \dfrac{-f_h}{\sum D} \times D_i$(平地) $\qquad$ (5.7)

式中 $\quad f_h$——高差闭合差(整个水准路线的);

$\qquad n_i$——测站数(第 i 测段的);

$\qquad \sum n$——总的测站数(整个水准路线的);

$\qquad D_i$——路线长(第 i 测段的),以 km 计;

$\qquad \sum D$——路线的总长(整个水准路线的),以 km 计。

②计算(各测段)改正后的高差 $h_{i改}$:

$$\boxed{\text{测段改正后的高差 } h_{i改} = \text{测段实测高差 } h_i + \text{测段高差改正数 } v_i}$$

对于支水准路线,不需要计算高差改正数,而直接计算测段改正后的高差,计算式为:

$$h_{i改} = \frac{h_{往} + (-h_{返})}{2} \qquad (5.8)$$

式中 $\quad h_{往}$——从已知点到待求点方向的实测高差;

$\qquad h_{返}$——从待求点到已知点方向的实测高差。

③计算校核:各测段高差改正数之和 $\sum v_i$ = 高差闭合差的反号 $-f_h$;改正后的高差之和为 $\sum h_{i改}$,并应满足下列要求。

闭合水准路线: $\sum h_{i改} = 0$ $\qquad$ (5.9)

附合水准路线: $\sum h_{i改} = H_{终} - H_{始}$ $\qquad$ (5.10)

支水准路线: $\sum h_{i改} = 0$ $\qquad$ (5.11)

(4)推算各待求点高程

①计算式:

$$H_{未知点} = H_{已知点} + h_{i改} \qquad (5.12)$$

式中 $\quad H_{未知点}$——未知点的高程;

$\qquad H_{已知点}$——已知点的高程;

$\qquad h_{i改}$——从已知点到未知点间改正后的高差。

②计算校核:按计算路线,由推算的最后一个未知点的高程,继续推算出最后一个已知点的高程,若计算的高程与已知点的高程相等,则计算无误。

观察思考

1. 推算高差闭合差的目的是什么?
2. 测站高差、测段高差、整个线路总高差之间有什么关系?
3. 各测站高差正确,测段高差就一定正确吗?为什么?

练习作业

1. 如图5.4所示,试判断观测成果精度是否合格。若合格,试推算出1点、2点、3点的高程,并填入表5.3中。

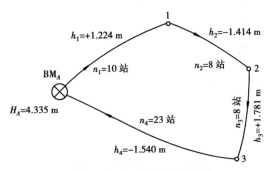

图 5.4　闭合水准路线示意图

表 5.3　闭合水准路线成果计算表

测段编号	点　名	测站数 n	实测高差 $h_{测}/m$	改正数 v/mm	改正后的高差 $h_{改}/m$	高程 H/m	点　名
1	2	3	4	5	6	7	8
1	BM$_A$						BM$_A$
2	1						1
3	2						2
4	3						3
$\sum$	BM$_A$						BM$_A$
辅助计算	$f_h = \sum h_{测} =$　　　　　　　　　　　　　　　　$f_{h容} = \pm 12\sqrt{n} =$ 每站的改正数 $-\dfrac{f_h}{\sum n} =$　　　　　　　　　　　$\sum v =$						

2. 试完成表5.4的计算,推算出1点、2点、3点的高程,并绘出对应的附合水准路线示意图。

表5.4　附合水准路线成果计算表

测段编号	点　名	距离 D /km	实测高差 $h_{测}$/m	改正数 v/mm	改正后的高差 $h_{改}$/m	高程 H /m	点　名
1	2	3	4	5	6	7	8
1	BM_A	0.3	−1.398			22.467	BM_A
2	1	0.4	−0.887				1
3	2	0.5	+1.189				2
4	3	0.3	+1.781				3
$\sum$	BM_B					23.123	BM_B
辅助计算	$f_h = \sum h_{测} - (H_B - H_A) =$ 每千米的改正数 $-\dfrac{f_h}{\sum D} =$				$f_{h容} = \pm 40\sqrt{L} =$ $\sum v =$		

5.1.3　四等水准测量

在工程测量中,常用四等水准测量建立较高精度的高程控制网。它与普通水准测量比较:相同点是水准路线形式、成果计算过程;不同点是一站读8个数,读黑红面,计算高差与距离,测站校核合格才能搬站。三、四等水准测量的限差要求见表5.5。

表5.5　三、四等水准测量的限差要求

等　级	仪器类型	标准视线长度/m	前后视距差/m	前后视距差累计/m	红黑面读数差/mm	红黑面所测高差之差/mm	检测间歇点高差之差/mm
三等	S3	75	2.0	5.0	2.0	3.0	3.0
四等	S3	100	3.0	10.0	3.0	5.0	5.0

1)观测程序

一个测站的观测程序为:后→后→前→前,即:后视黑面上丝①、下丝②、中丝③,后视红面中丝④;前视黑面上丝⑤、下丝⑥、中丝⑦,前视红面中丝⑧。

2)测站计算与校核

(1)测站计算　由①,②计算后视距;由⑤,⑥计算前视距;由③,⑦计算黑面高差;由④,⑧计算红面高差。

(2)测站校核　视距部分:前后视距≤允许值;前后视距差≤允许值;前后视距差的累积值≤允许值。高差部分:红黑面中丝读数差≤允许值;红黑面高差之差≤允许值。

满足上述限差后,取其红黑面高差的平均值作为测站的最后高差。读数及高差部分以mm为单位,视距部分以m为单位。

测站记录计算见表 5.6。

表 5.6 四等水准测量观测记录表

测自					至			年 月 日
时刻	始		时	分				天气:
	末		时	分				成像:

测站编号	点号	后尺 上丝 下丝	前尺 上丝 下丝	方向及尺号	标尺读数 /mm		K+黑-红 /mm	高差中数 /m	备注
		后视距离	前视距离		黑面	红面			
		视距差 d /m	累积差 ∑d /m						
		①	⑤		③	④	⑨		
		②	⑥		⑦	⑧	⑩		
		⑫	⑬		⑯	⑰	⑪		
		⑭	⑮						
1	A—TP_1	1 571	0 739	后 视	1 384	6 171	0	+0.832	$K_A = 4\ 787$
		1 197	0 363	前 视	0 551	5 239	−1		$K_B = 4\ 687$
		37.4	37.6	后−前	+0 833	+0 932	+1		
		−0.2	−0.2						
2	TP_1—B	2 121	2 196	后 视	1 934	6 621	0	−0.074	
		1 747	1 821	前 视	2 008	6 796	−1		
		37.4	37.5	后−前	−0 074	−0 175	+1		
		−0.1	−0.3						
3	B—TP_2	1 914	2 055	后 视	1 726	6 513	0	−0.140	
		1 539	1 678	前 视	1 866	6 554	−1		
		37.5	37.7	后−前	−0 140	−0 041	+1		
		−0.2	−0.5						
4	TP_2—C	1 965	2 141	后 视	1 832	6 519	0	−0.174	
		1 700	1 874	前 视	2 007	6 793	+1		
		26.5	26.7	后−前	−0 175	−0 274	−1		
		−0.2	−0.7						

3)成果计算

当整个线路观测结束后,即可进行成果计算。成果计算程序及方法同普通水准测量,即:精度评定——推算改正后的高差——推算待求点的高程。有关技术指标、对仪器的要求等,可以查阅相关规范。

小组讨论

1. 四等水准测量为什么要读上丝、下丝读数?
2. 无论是普通水准测量还是较高精度的四等水准测量,为什么总是存在高差闭合差?

5.1.4 水准测量的主要误差来源及消减方法

水准测量的主要误差来源及消减方法见表5.7。

表 5.7 水准测量的误差来源及消减方法

水准测量误差来源		削减方法
仪器误差	视准轴不平行于水准管轴的误差	前后视距大致相等 总的前视距尽量等于总的后视距 中间法
	运行误差	中间法
	水准尺误差	使用检验过的水准尺,并采用偶数站观测
观测误差	水准气泡居中误差	严格使水准气泡居中
	估读水准尺的误差	确保望远镜的放大倍率,控制最大视线长度,消除视差
	水准尺倾斜误差	使尺上的水准气泡居中 水准尺前后微动,读取最小值
外界环境影响	地球曲率的影响 大气折光差	中间法 选择有利时段观测 控制视线长度及最低视线高度
	仪器及尺子下沉	缩短观测时间 采用往返观测
	热辐射和风力的影响	撑伞遮阳 选择有利时段观测

阅读理解

测量误差的基本知识

在测量工作中,对某量(如某一个角度、某一段距离或某两点间的高差等)进行多次观测,所得的各次观测结果总是存在差异,这种差异实质上表现为每次测量所得的观测值与该量的真值之间的差值,这种差值称为测量误差,常用 Δ 表示,即

测量误差(Δ) = 真值 − 观测值

1)测量误差产生的原因

测量误差产生的原因主要有以下3个方面:

（1）仪器设备

测量工作是利用测量仪器进行的,而每一种测量仪器都具有一定的精确度,因此,会使测量结果受到一定影响。例如,钢尺的实际长度和名义长度总存在差异,由此所测的长度总存在尺长误差;再如,水准仪的视准轴不平行于水准管轴,也会使观测的高差产生 i 角误差。

（2）观测者

由于观测者的感觉器官的鉴别能力存在一定的局限性,所以仪器的对中、整平、瞄准、读数等操作都会产生误差。例如,在厘米分划的水准尺上,由观测者估读毫米数,则 1 mm 以内的估读误差是完全有可能产生的。另外,观测者的技术熟练程度、工作态度也会给观测成果带来不同程度的影响。

（3）外界环境

观测时所处的外界环境中的温度、风力、大气折光、湿度、气压等客观因素时刻在变化,也会使测量结果产生误差。例如,温度变化使钢尺产生伸缩,大气折光使望远镜的瞄准产生偏差等。

上述三方面因素是引起观测误差的主要原因,把这三方面因素综合起来称为观测条件。观测条件的好坏与观测成果的质量有着密切联系。在同一观测条件下的观测称为等精度观测;反之,称为不等精度观测。相应的观测值称为等精度观测值和不等精度观测值。本节讨论的内容均为等精度观测。

2）观测误差分类

观测误差按其性质可分为两类:

（1）系统误差

在相同的观测条件下,对某量进行一系列的观测,若观测误差的符号及大小保持不变,或按一定的规律变化,这种误差称为系统误差。系统误差往往随着观测次数的增加而逐渐积累。如某钢尺的注记长度为 30 m,经鉴定后,它的实际长度为 30.016 m,即每量一整尺,就比实际度量 K 小 0.016 m,也就是每量一整尺段就有 +0.016 m 的系统误差。这种误差的数值和符号是固定的,误差的大小与距离成正比,若丈量了 5 个整尺段,则长度误差为: $5 \times (+ 0.016) = +0.080$ （m）。若用此钢尺丈量结果为 167.213 m,则实际长度为:167.213 + (30.016 − 30)/30 × 167.213 = 167.302（m）。

由此可见,系统误差对观测结果影响较大,必须采用各种方法来消除或减少它的影响。例如,用改正数计算公式对丈量结果进行改正。再如,角度测量时经纬仪的视准轴不垂直于横轴而产生的视准轴误差,水准尺刻画不精确所引起的读数误差,以及由于观测者照准目标时总是习惯于偏向中央某一侧而使观测结果带有的误差等都属于系统误差。

其常用的处理方法有:

①检校仪器,把系统误差降到最低程度。

②加改正数,在观测结果中加入系统误差改正数,如尺长改正等。

③采用适当的观测方法,使系统误差相互抵消或减弱,如测水平角时采用盘左、盘右观测,并在每个测回起始方向上改变度盘的配置等。

（2）偶然误差

在相同的观测条件下进行一系列观测,若误差的大小及符号都表现出偶然性,即从单个误差来看,该误差大小及符号没有规律,但从大量误差的总体来看,具有一定的统计规律,这类误差称为偶然误差或随机误差。例如,用经纬仪测角时,测角误差实际上是许多微小误差项的总和,而每项微小误差随着偶然因素影响不断变化,因而测角误差也表现出偶然性。对同一角度的若干测回观测,其值不尽相同,观测结果中不可避免地存在着偶然误差的影响。

除上述两类误差之外,还可能发生错误,也称粗差,如读错、记错等。粗差主要是由于人为粗心大意而引起。一般粗差值大大超过系统误差或偶然误差。粗差不属于误差范畴,不仅大大影响测量成果的可靠性,甚至会造成返工,因此必须采取适当的方法和措施杜绝粗差发生。

练习作业

1. 四等水准测量与普通水准测量有什么区别?
2. 用四等水准测量如何计算测站高差?
3. 四等水准测量观测手簿计算(见表5.8)。

表5.8 四等水准测量观测记录表

测站编号	点号	后尺 上丝 下丝	前尺 上丝 下丝	方向及尺号	水准尺读数 /mm		$K+$黑$-$红 /mm	高差中数 /m	备注
		后视距离	前视距离		黑面	红面			
		视距差 d /m	累积差 $\sum d$ /m						
1	$A—TP_1$	2 880	1 540	后视	2 668	7 356			$K_A = 4\,687$
		2 451	1 090	前视	1 318	6 105			$K_B = 4\,787$
				后$-$前					
2	$TP_1—B$	1 534	1 262	后视	1 402	6 188			
		1 270	0 971	前视	1 118	5 805			
				后$-$前					
3	$B—TP_2$	1 780	1 334	后视	1 602	6 288			
		1 426	0 970	前视	1 153	5 939			
				后$-$前					
4	$TP_2—C$	1 671	1 060	后视	1 571	6 359			
		1 471	0 871	前视	0 967	5 654			
				后$-$前					

注:各测站高差中数取位至1 mm。

5.2 三角高程测量

当两点间距离很远或坡度很陡时,用水准测量方法进行高程测量是很困难的,或根本就办不到,如果用经纬仪或全站仪情况会怎样? 珠穆朗玛峰高测得为 8 844.13 m(1975—2005年),就用到了三角高程测量的方法。下面,我们来学习三角高程测量的知识。

5.2.1 三角高程测量原理

1)单向观测

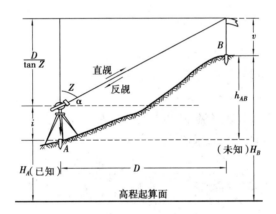

图 5.5 三角高程测量

如图 5.5 所示,若使用经纬仪测 A 点到 B 点的高差,则其操作步骤为:

①在 A 点安置经纬仪,在 B 点立水准尺,瞄准水准尺读取中丝、上丝、下丝读数,竖盘读数,并量仪器高。

中丝读数:目标高 v,单位 m;

上丝、下丝读数:计算上、下丝间隔 l,单位 m;

竖盘读数:计算天顶距 Z;

量仪器高:仪器高 i,单位 m。

②计算高差。由图中的几何关系可得 A 到 B 的高差的计算公式:

$$h_{AB} = \frac{D}{\tan Z} + i - v \qquad (5.13)$$

式中　D——A,B 间的水平距离,$D = Kl \sin^2 Z$;

K——视距乘常数,一般取 $K = 100$。

2）对向观测

（1）对向观测的目的　消除地球曲率与大气折光对测高差的影响。

（2）对向观测方法　分别在已知点及待定点上安置仪器，进行往测与返测（称为直觇、反觇）。A 点为高程已知点，B 点为高程待定点。在 A 点安置仪器，由 A 点测向 B 点，称为往测（或称为直觇）；在 B 点安置仪器，由 B 点测向 A 点，称为返测（或称为反觇）。然后计算往测高差、返测高差。

（3）对向观测的高差　当往返高差绝对值之较差≤允许值时，取平均，并取往测高差的符号。计算公式为：

$$\bar{h}_{AB} = \frac{h_{AB} + (-h_{BA})}{2} \tag{5.14}$$

5.2.2　三角高程测量施测

三角高程测量施测步骤如下：

①在 A 点安置经纬仪，量仪器高 i；在 B 点立水准尺。

②用盘左盘右，分别读上丝、中丝、下丝读数，竖盘读数（盘左读数 L，盘右读数 R），并求上下丝间隔 l，天顶距 Z。

③仪器搬到 B 点，同法对 A 点进行观测。

④计算往测高差、返测高差，并计算往返高差的平均值。

若用全站仪观测，则在 A 点安置全站仪，在 B 点安置反光棱镜，量仪器高、棱镜高。瞄反光棱镜中心，按相应键，直接显示 A 点到 B 点的高差 h_{AB}。同理可得 h_{BA}。

【例 5.1】　观测资料见表 5.9，求 B 点的高程。

表 5.9　三角高程测量计算

测点	目标点	视距乘常数×尺间隔 Kl/m（测）	天顶距 Z（测）	仪器高 i/m（量）	中丝读数 v/m（测）	单向高差/m（算）
A	B	286.58	91°32′59″	1.46	1.76	−8.05
B	A	286.58	88°24′50″	1.53	1.43	＋8.03

对向观测高差：$h_{AB} = D/\tan Z + i - v = -8.05 \text{ m}$；$h_{BA} = +8.03 \text{ m}$
平均高差：$\bar{h}_{AB} = \dfrac{h_{AB} + (-h_{BA})}{2} = \dfrac{-8.05 \text{ m} + (-8.03) \text{ m}}{2} = -8.04 \text{ m}$
已知点 A 高程：$H_A = 175.00 \text{ m}$
待求点 B 高程：$H_B = H_A + \bar{h}_{AB} = 175.00 \text{ m} + (-8.04) \text{ m} = 166.96 \text{ m}$

知识窗

> 经纬仪三角高程测量间接测高差,精度低;全站仪三角高程测量直接显示高差,精度较高。

> 通视好坡度陡,用三角高程测量方便快捷,特别是全站仪的普遍使用,使该法应用更广泛。线路勘测中的高程控制测量、纵横断面测量常用三角高程测量。

> 只有当精度要求不高时,才用经纬仪进行三角高程测量。

> 高程测量(包括水准测量和三角高程测量),要按照一定的线路进行观测,才能算出高差闭合差,才知道观测成果精度是否合格。

> 水准测量采用中间法,三角高程测量采用对向观测,其目的是消除地球曲率、大气折光、水准仪视准轴与水准管轴不严格平行等的影响。

> 三角高程测量中,为了保证盘左盘右是同一视线,应瞄目标的相同位置。

> 高差 h_{AB} = 后视 A 点读数 – 前视 B 点读数,高差 h_{AB} = 终点高程 H_B – 始点高程 H_A。

> 支线水准线路,一测段改正后的高差 $h_{改正} = \dfrac{h_{往} + (-h_{返})}{2}$。

> 高差闭合差 $f_h \leq$ 高差闭合差允许值 $f_{h允}$,观测成果精度合格。

> 未知点高程 H_B = 已知点高程 H_A + 已知点到未知点改正后的高差 $h_{AB改}$。

练习作业

1. 测高差的方法有哪些? 如何选择? 用什么仪器?

2. 观测成果精度合格后,如何推算待定点的高程?

3. 水准测量中,仪器为什么要尽量安置在两尺的中间? 三角高程测量时,为什么要进行往返观测?

实习实作

1. 用水准仪沿闭合水准线路,测出各测段的高差。

2. 用水准仪沿支线水准线路,测出各测段的高差。

3. 用经纬仪按视距三角高程测量方法,往返测 A,B 两点的高差。

4. 用全站仪按测距三角高程测量方法,测闭合线路 $ABCDA$ 相邻点间同一方向的高差。

1. 填空题

(1)高程测量中,常用的两种方法为_____、_____。水准仪若在同一测站上测多点高程时,用什么方法更方便? 为什么? _____。
_____。

(2)在水准测量中,转点的作用是_____;在转点上立尺,应特别注意什么? 转点的高程是否需要推算? 为什么? _____。
_____。

(3)计算校核的作用是_____;精度评定的作用是_____;精度与计算无关。

(4)一个测站、一个测段、一条水准线路,它们的关系如何? 如果构成一个测段的各测站高差正确,能否说明该测段的高差一定正确? 为什么? _____
_____。

(5)水准测量高差闭合的调整原则,是将高差闭合差反号,按各测段的_____或按各测段的_____成比例分配在各个测段的实测高差中。

(6)从 A 点到 B 点进行往返水准测量,往测高差为 $+3.625$ m,返测高差为 -3.631 m,则 A,B 点之间的高差 $h_{AB} =$_____,$h_{BA} =$_____。

(7)水准测量时,在同一测站测得地面上 A,B,C 点上水准尺的读数分别为 1.325 m,1.005 m,1.555 m,则高差 $h_{BA} =$_____,$h_{BC} =$_____,$h_{CA} =$_____。

2. 问答题

(1)三角高程测量要对向观测,水准测量仪器要尽量安置在两尺中间,为什么?

(2)三角高程测量及水准测量,为什么都要按照一定的线路进行观测? 如果它们的精度合格,能否说明推算的高程一定正确?

3. 计算题

水准测量观测成果及已知条件如下图所示,试求 1,2 点的高程。

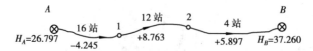

见本书附录1。

6 大比例尺地形图的测绘与应用

本章内容简介

地形图的基本知识

小区域的控制测量

经纬仪测图

数字化测图

地形图的应用

本章教学目标

掌握小区域控制测量

测图：能完成地形图的测绘工作

识图：能识别地物地貌，想象出地面的起伏变化状态

用图：熟练阅读和正确使用地形图；能在地形图上求出点的坐标、高程，两点间的水平距离，直线的方位角、坡度；能进行面积计算、方量计算、断面图绘制等

如果在三峡库区新建一所学校,如何设置运动场、图书馆、综合楼、教学楼、实验楼、宿舍、健身中心、宽敞的校道等,校园该如何布置? 占地多少? 现有的土地够不够? 挖、填方量是多少? 解决这些问题,不仅需要实地考察,还需要借助于地形图进行定量分析。本章将解决地形图的测绘与应用问题。

6.1　地形图的基本知识

6.1.1　地形图和比例尺

1)地形图

(1)地形图　地形图是指以一定的比例尺和图式符号表示地物、地貌的平面位置和高程的标高投影图。测绘地形图的工作,称为地形测量或碎部测量。

(2)地形图反映的内容　地形图主要反映地物和地貌。地貌:地表的起伏变化状态,如高山、平地、山脊、山谷、坡地等;地物:地表面上的固定物体,如房屋、桥梁、道路、江河、湖泊等。

(3)投影方法　投影的方法为标高投影,即水平投影加上标注高程。

2)比例尺与比例尺精度

(1)比例尺　比例尺指地形图上任意两点间的距离与它所代表的实际水平距离之比,其表达式为:

$$
地形图比例尺 = \frac{地形图上两点间的距离}{对应的实际水平距离} = \frac{1}{M} \tag{6.1}
$$

这种以数字形式表示的比例尺称为数字比例尺。数字比例尺比值越大,比例尺越大,反映地物、地貌越详细。

还有一种比例尺称为图示比例尺(又称直线比例尺),如图 6.1 所示。用它可方便地进行图上距离与实际水平距离的换算,也可减少图纸伸缩的影响。图 6.1 中,每 1 大格表示 20 m,每 1 小格表示 2 m。

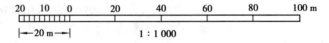

图 6.1　图示比例尺

知●识窗

大比例尺:1:500,1:1 000,1:2 000,1:5 000;

中比例尺:1:1万,1:2.5万,1:5万,1:10万;

小比例尺:1:25万,1:50万,1:100万。

其中1:1万,1:2.5万,1:5万,1:10万,1:25万,1:50万,1:100万比例尺地形图,被国家定为基本比例尺地形图。建筑、桥梁及大坝等工程,有时还要测绘1:200比例尺地形图。

(2)比例尺精度　地形图上0.1 mm所代表的实际水平距离称为比例尺精度。人眼通常所能分辨的最小长度为0.1 mm,因此图上度量或实地测图时,一般只能达到0.1 mm的精度。

比例尺精度的作用:已知测图比例尺,确定实测最短距离;根据图上要求反映的最短距离,确定测图比例尺。

各种比例尺的精度见表6.1。

表6.1　不同比例尺的精度

比例尺	1:500	1:1 000	1:2 000	1:5 000
比例尺精度/m	0.05	0.10	0.20	0.50

6.1.2　地物与地貌的表示方法

1)地物

地物用地物符号表示。地物符号分为比例符号、非比例符号、线形符号、注记符号。

(1)比例符号　比例符号用来表示房屋、体育场、水塘等较大的地物,测出它们的特征点,按比例缩绘在图上。

(2)非比例符号　非比例符号用来表示控制点、烟囱、钻孔等轮廓较小的地物,测出它们的定位点,不依比例,用规定的象形符号表示。

(3)线形符号　线形符号用来表示铁路、管线等带状地物,长度方向按比例表示,宽度方向不按比例表示。

(4)注记符号　城镇、道路、河流的名称,林木、植被的类别,水流的流向及楼层的层数等,用文字、数字及特定符号注记说明。

符号选用取决于测图比例尺的大小及地物的大小。比例尺越大,用比例符号描述的地物就越多,用非比例符号就越少。

地物符号的绘制依据是《国家基本比例尺地形图图式》(简称《地形图图式》)。《地形图图式》中规定了各种地物符号的形态、大小、线型及间隔等。表6.2是2017年颁布的《国家基本比例尺地形图图式　第一部分:1:500　1:1 000　1:2 000地形图图式》中的一部分。

表 6.2 1:500 1:1 000 1:2 000 地形图图式(部分)

编号	符号名称	1:500	1:1 000	1:2 000
4.1	测量控制点			
4.1.1	三角点 a. 土堆上的 张湾岭、黄土岗——点名 156.718、203.623——高程 5.0——比高	张湾岭 156.718	a 黄土岗 203.623	
4.1.3	导线点 a. 土堆上的 I 16、I 13——等级、点号 84.46、94.40——高程 2.4——比高	I 16 84.46	a I 23 94.40	
4.1.4	埋石图根点 12、16——点号 275.46、175.64——高程 2.5——比高	12 275.46	a 16 175.64	
4.1.5	不埋石图根点 19——点号,84.47——高程	19 84.47		
4.1.6	水准点 II——等级 京石5——点名点号 32.805——高程	II京石5 32.805		
4.1.8	卫星定位等级点 B——等级,14——点号 495.263——高程	B14 495.263		
4.2	水系			
4.2.1	地面河流 a.岸线 b.高水位岸线 渭江——河流名称			
4.2.8	沟堑 a.已加固的 b.未加固的 2.6——比高			
4.2.9	地下渠道、暗渠 a.出水口			
4.2.14	涵洞 a.依比例尺的 b.不依比例尺的			
4.2.16	湖泊 龙湖——湖泊名称 (咸)——水质			
4.2.17	池塘			
4.2.32	水井、机井 a.依比例尺的 b.不依比例尺的 51.2——井口高程 5.2——井口至水面深度 咸——水质			
4.2.34	贮水池、水窖、地热池 a.高于地面的 b.低于地面的 净——净化池 c.有盖的			
4.2.40	堤 a.堤顶宽依比例尺 24.5——堤坝高程 b.堤顶宽不依比例尺 2.5——比高			
4.2.46	加固岸 a.一般加固岸 b.有栅栏的 c.有防洪墙体的 d.防洪墙上有栏杆的			

编号	符号名称	1:500	1:1 000	1:2 000
4.2.47	陡岸 a.有滩陡岸 a1.土质的 a2.石质的 2.2、3.8——比高 b.无滩陡岸 b1.土质的 b2.石质的 2.7、3.1——比高			
4.3	居民地及设施			
4.3.1	单幢房屋 a.一般房屋 b.裙楼,b1.楼层分隔线 c.有地下室的房屋 d.简易房屋 e.突出房屋 f.艺术建筑	混3 混3-1 钢28	b 混3 简2 艺28	a c d 混8 3 3 8 钢28
4.3.2	建筑中房屋	建		
4.3.3	棚房 a.四边有墙的 b.一边有墙的 c.无墙的			
4.3.4	破坏房屋			破
4.3.5	架空房、吊脚楼 3、4——层数 /1、/2——空层层数	砼2 砼3/2	砼4 4	3/1
4.3.6	廊房(骑楼)、飘楼 a.廊房 b.飘楼	混3	b 混3	
4.3.10	露天采掘场、乱掘地 石、土——矿物品种	石	土	
4.3.21	水塔 a.依比例尺的 b.不依比例尺的	a	b	
4.3.35	饲养场 牲——场地说明	牲		
4.3.50 4.3.51 4.3.52	宾馆、饭店 商场、超市 剧院、电影院	砼5 H 4.3.44	砼4 M 4.3.45	砼2 4.3.46
4.3.53	露天体育场、网球场、运动场、球场 a.有看台的 a1.主席台 a2.门洞 b.无看台的	工人体育场	a 体育场	球
4.3.57	游泳场(池)	泳		泳
4.3.64	屋顶设施 a.直升飞机停机坪 b.游泳池 c.花园 d.运动场 e.健身设施 f.停车场 g.光能电池板	砼30 H 砼30	砼30 砼30	
4.3.66 4.3.69	电话亭 厕所			厕
4.3.67	报刊亭、售货亭、售票亭 a.依比例尺的 b.不依比例尺的	a 刊	b 刊	
4.3.85	旗杆			

续表

编号	符号名称	1:500	1:1 000	1:2 000
4.3.86	塑像、雕像 a. 依比例尺的 b. 不依比例尺的			
4.3.103	围墙 a. 依比例尺的 b. 不依比例尺的			
4.3.106	栅栏、栏杆			
4.3.107	篱笆			
4.3.108	活树篱笆			
4.3.109	铁丝网、电网			
4.3.110	地类界			
4.3.116	阳台			
4.3.123	院门 a. 围墙门 b. 有门房的			
4.3.127	门墩 a. 依比例尺的 b. 不依比例尺的			
4.3.129	路灯、艺术景观灯 a. 普通路灯 b. 艺术景观灯			
4.3.132	宣传橱窗、广告牌、电子屏 a. 双柱或多柱的 b. 单柱的			
4.3.134	喷水池			
4.3.135	假石山			
4.4	交通			
4.4.14	街道 a. 主干道 b. 次干道 c. 支线 d. 建筑中的			
4.4.15	内部道路			
4.4.18	机耕路(大路)			
4.4.19	乡村路 a. 依比例尺的 b. 不依比例尺的			
4.4.20	小路、栈道			
4.5	管线			
4.5.1.1	架空的高压输电线 a. 电杆 35——电压(kV)			
4.5.2.1	架空的配电线 a. 电杆			
4.5.6.1	地面上的通信线 a. 电杆			
4.5.6.5	通信检修井孔 a. 电信人孔 b. 电信手孔			

编号	符号名称	1:500	1:1 000	1:2 000
4.5.11	管道检修井孔 a. 给水检修井孔 c. 排水(污水)检修井孔			
4.5.12	管道其他附属设施 a. 水龙头 b. 消火栓 c. 阀门 d. 污水、雨水算子			
4.6	境界			
4.6.7	村界			
4.6.8	特殊地区界线			
4.7	地貌			
4.7.1	等高线及其注记 a. 首曲线 b. 计曲线 c. 间曲线 25——高程			
4.7.2	示坡线			
4.7.15	陡崖、陡坎 a. 土质的 b. 石质的 18.6、22.5——比高			
4.7.16	人工陡坎 a. 未加固的 b. 已加固的			
4.7.25	斜坡 a. 未加固的 b. 已加固的			
4.8	植被与土质			
4.8.1	稻田 a. 田埂			
4.8.2	旱地			
4.8.3	菜地			
4.8.15	行树 a. 乔木行树 b. 灌木行树			
4.8.16	独立树 a. 阔叶 b. 针叶 c. 棕榈、椰子、槟榔			
4.8.18	草地 a. 天然草地 b. 改良草地 d. 人工绿地			
4.8.21	花圃、花坛			
4.9	注记			
4.9.1.3	乡镇级、国有农场、林场、牧场、盐场、养殖场		南坪镇 正等线体(5.0)	
4.9.1.4	村庄(外国村、镇) a. 行政村,主要集、场、街 b. 村庄		甘家寨　李家村 张家庄 正等线体(4.5)　仿宋体(3.5 4.5)	
4.9.2.1	居民地名称说明注记 a. 政府机关 b. 企业、事业、工矿、农场 c. 高层建筑、居住小区、公共设施		日光岩幼儿园 兴隆农场 宋体(2.5 3.0) 市民政局 宋体(3.5) 二七纪念塔 兴庆广场 宋体(2.5~3.5)	

2）地貌

地貌用等高线表示。

（1）等高线的形成　假想用一水平面截割地面，则得到水平面与地面的交线，它既位于地面上，也位于该水平面上，因此这条线上所代表的地面点都是等高的，故称为等高线。

若用一组水平面切割地面，得到一组等高线，将它们投影到水平投影面上，并标注相应的高程，即为地形图上的等高线，如图 6.2 所示。根据图上等高线的高程、走向、疏密程度，可判断出地面的起伏变化状态。

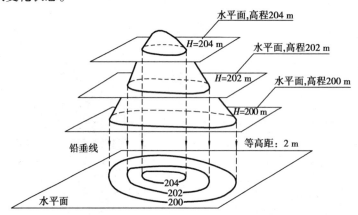

图 6.2　等高线表示地貌的原理

（2）等高线分类　等高线可分为首曲线、计曲线、间曲线、助曲线。地形图上等高线很多，为了便于识图，每隔 4 根加粗 1 根，加粗的等高线称为计曲线；其余 4 根称为首曲线，又称为基本等高线。等高线按基本等高距绘制，在计曲线上标注等高线的高程。对于局部重要地貌，若计曲线与首曲线还不够清楚反映地貌特征，则需要加密等高线。按 1/2 基本等高距内插加密的等高线，称为间曲线，用长虚线表示；按 1/4 基本等高距内插加密的等高线，称为助曲线，用短虚线表示。

观察思考

1. 你能否把等高线想象成一个水平面截割地表所得到的交线？能否把等高线想象成水库的水面与岸边的交线？

2. 不同高程的等高线空间位置如何？投影后的位置呢？

3. 地形图上的等高线是空间等高线的水平投影，你能想象出它们的空间位置吗？

练习作业

1. 地形图反映的内容有哪两类？

2. 地物、地貌用什么符号表示？

（3）等高距与等高线平距 地形图上相邻两基本等高线之间的高差称为等高距。同一幅地形图中等高距相同,标注在图纸的西南角。等高距的选取取决于测图比例尺及地面的陡缓,见表6.3。

表6.3 大比例尺地形图基本等高距

地貌类别	测图比例尺			
	1:500	1:1 000	1:2 000	1:5 000
平地（$\alpha < 3°$）	0.5	0.5	1	2
丘陵地（$3° \leq \alpha < 10°$）	0.5	1	2	5
低山地（$10° \leq \alpha < 25°$）	1	1	2	5
高山地（$\alpha \geq 25°$）	1	2	2	5

等高线平距指地形图上相邻两条等高线之间的水平距离。等高线平距越小,等高线越密,表示地面坡度越陡;等高线平距越大,等高线越稀疏,表示地面坡度越缓;等高线平距相同,等高线平行,表示地面坡度均匀。

（4）典型地貌等高线 山头、洼地、山脊、山谷、鞍部、陡岩、悬崖等地貌其等高线如图6.3、图6.4和图6.5所示。

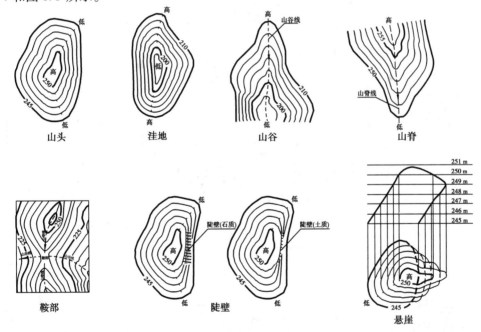

图6.3 典型地貌等高线

①山头与洼地:山头为一圈圈闭合形状等高线,中间高周围低;洼地为一圈圈闭合形状等高线,中间低周围高。

②山脊与山谷:山脊为一组抛物线形等高线,凸向低处;山谷为一组抛物线形等高线,凸向高处。山脊最高点的连线,为山脊线;山谷最低点的连线,为山谷线。

③鞍部:形如马鞍的地形,一对山脊线与一对山谷线汇合的部位。

④陡岩:近于垂直的地形,尽管地面上的等高线位于不同高程的层面上,但投影在地形图

上后,等高线很密集,用陡岩符号表示,其岩质有土质与石质之分。

⑤悬崖:上部水平凸出,下部内陷的地形。投影在地形图上的等高线相交,且交点成对出现,不可见部分的等高线用虚线表示。

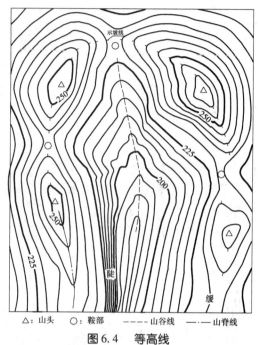

△:山头 ○:鞍部 -----山谷线 ——山脊线

图 6.4 等高线

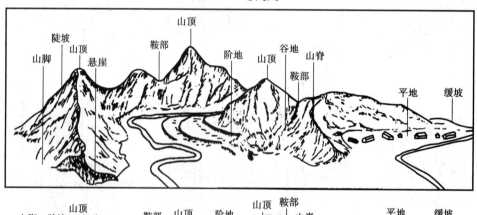

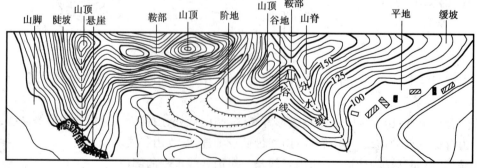

图 6.5 综合地貌及其等高线

小组讨论

观察图 6.4 中等高线的粗细,粗等高线(计曲线)上应标注高程,标注高程的数字、位置、方向有什么规律?

(5)等高线的特性

等高性:位于同一等高线上各点的高程相等;

闭合性:等高线为闭合的曲线;

非交性:不同高程的等高线不相交、不重合(除悬崖与陡岩);

正交性:等高线与山脊线、山谷线垂直相交;

密陡疏缓性:等高线愈密,则地面坡度愈陡,等高线愈疏,则地面坡度愈缓;

平行均坡性:等高线互相平行,则地面坡度均匀。

练习作业

根据图 6.6 回答问题:

1. 指出图中的最高点、最低点,并画出山脊线与山谷线。

2. 等高距是多少?

3. A,B 两点通视吗?B,C 两点呢?

图 6.6　等高线练习作业图

6.2 小区域控制测量

一般情况下,在一个测站上测完整测区的地物、地貌是不可能的,往往需要设若干测站进行观测。为了避免误差积累和提高功效,先要在测区内布设一些测站点,测定出它们的 X,Y, H,然后再在这些点上设站测图。这些点称为控制点,测定这些控制点的工作称为控制测量。如图6.7所示。

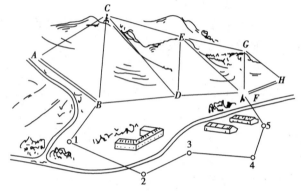

图6.7　在测区内布设控制网

$$控制测量任务 \begin{cases} 平面控制测量 \longrightarrow 测控制点的坐标(X,Y) \\ 高程控制测量 \longrightarrow 测控制点的 H \end{cases}$$

$$小区域控制测量方法 \begin{cases} 平面控制测量 \begin{cases} 导线测量 \\ 小三角测量 \\ 交会法 \end{cases} \\ 高程控制测量 \begin{cases} 水准测量 \\ 三角高程测量 \end{cases} \end{cases}$$

观察思考

为什么在测区内要布设若干控制点进行控制测量?

6.2.1 平面控制测量

平面控制测量的目的:得到控制点的坐标(X,Y);方法:导线测量、小三角测量、交会法。由于测距仪器的普遍使用,测距方便快捷,一般多用导线测量进行平面控制测量。

1)导线测量

在测区选若干个控制点,连接相邻控制点所形成的折线,称为导线;这些控制点,称为导线点;连接导线的线段,称为导线边。测定各导线边和各转折角,根据起算数据,推算各导线点坐标的工作,称为导线测量。

(1)导线的布置形式　导线的布置形式有闭合导线、附合导线和支导线,如图6.8所示。

图 6.8 中,双线为已知边,单线为导线边,导线边与导线边所夹的角为转折角,导线边与已知边所夹的角为连接角。

导线形式的选用,主要考虑测区形状和高级控制点的已知情况。从测区形状考虑,测区为方、圆形,选用闭合导线;测区为带状,选用附合导线或支导线。闭合导线及支导线适应性很强,测区内有无已知点都可选用;而附合导线适用于测区内至少有两条已知边的情况。

闭合导线		
独立坐标系统 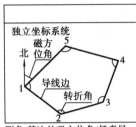	统一坐标系统 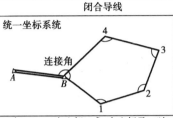	统一坐标系统 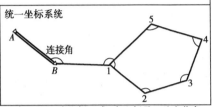
测角:某边的磁方位角(任意导线边)、所有内角。 测边:所有导线边 12,23,34,45,51 的水平距离。	已知:A,B 点坐标,或 B 点坐标及 AB 边方位角。 测角:所有内角及连接角。 测边:所有导线边 12,23,34,4B,B1 的水平距离。	已知:A,B 点坐标,或 B 点坐标及 AB 边方位角。 测角:所有内角、连接角及 1 点对应的角。 测边:所有导线边 12,23,34,45,51,B1 的水平距离。

附合导线		支导线	
统一坐标系统 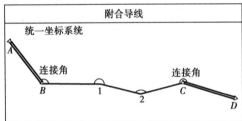		统一坐标系统	独立坐标系统
		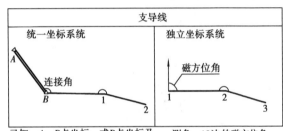	
已知:A,B,C,D 点坐标,或 B,C 点坐标及 AB 边和 CD 边方位角。 测角:B,C 点连接角及 1,2 点转折角。 测边:所有导线边 B1,12,2C 的水平距离。		已知:A,B 点坐标,或 B 点坐标及 AB 边方位角。 测角:B 点连接角及 1 点转折角。 测边:所有导线边 B1,12 的水平距离。	测角:12 边的磁方位角,2 点转折角。 测边:所有导线边 12,23 的水平距离。

图 6.8 导线的布置形式

察思考

选择导线形式,你需要考虑哪些因素?

(2)导线测量的外业工作

● 选点

选点原则:相邻导线点必须通视,以便测角、测边;点位应处在视野开阔且土质坚硬处,以便控制较大的区域及点位的保存;导线点应具有一定的密度,以便控制整个测区;相邻边应大致相等,以便提高测角测边精度。

● 测角

测角内容:所有转折角、定向角(独立坐标系统,测某边的磁方位角;统一坐标系统,测连接角)。

测角方法:测转折角和连接角,用经纬仪或全站仪进行测回法观测;磁方位角,用罗盘仪测定。

● 测边

测边内容:所有导线边。

测边方法:有测距仪器时,首选测距;精度要求不高时,可用经纬仪视距。具体观测方法,见相关章节。

（3）导线测量的内业计算　以闭合导线为例。

起算数据：起算点坐标、起始边方位角（若统一坐标系统，起点坐标及起始边方位角已知；若独立坐标系统，起点坐标假设，起始边方位角观测）。

观测数据：各转折角、导线边边长、连接角或磁方位角，如图6.9所示。

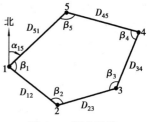

图 6.9　闭合导线

计算步骤：

①角度闭合差 f_β 的计算及调整：

$$f_\beta = \sum \beta_{测} - \sum \beta_{理} \qquad (6.2)$$

式中　$\sum \beta_{测}$——实测多边形内角和；

$\sum \beta_{理}$——内角和理论值，$\sum \beta_{理} = (n-2) \times 180°$。

若角度闭合差 $f_\beta \leqslant$ 角度闭合差允许值 $f_{\beta允}$（$f_{\beta允} = \pm 60'' \sqrt{n}$），则测角精度合格，否则应重测。

角度闭合差的调整原则：将 f_β 反号，按角的个数平均分配到各个观测角中；分不完的，分在短边的邻角上（夹角的边越短，测角的误差越大），取至秒。

一个角的改正值：$\dfrac{-f_\beta}{n}$ $\qquad (6.3)$

改正后的角值：$\beta_{改} = \beta_{测} + \left(\dfrac{-f_\beta}{n} \right)$ $\qquad (6.4)$

式中　$\beta_{测}$——转折角的外业观测值；

n——闭合导线内角个数。

计算校核：$\displaystyle\sum_1^n \dfrac{-f_\beta}{n} = -f_\beta$

②计算方位角：

$$\alpha_i = \alpha_{i-1} + 180° + \beta_{左} \text{ 或 } \alpha_i = \alpha_{i-1} + 180° - \beta_{右} \qquad (6.5)$$

式中　α_i——导线第 i 边的方位角；

α_{i-1}——导线第 $i-1$ 边的方位角；

$\beta_{左}$——面向导线前进方向左边的转折角；

$\beta_{右}$——面向导线前进方向右边的转折角。

在闭合导线中按逆时针方向计算时，内角即为左角。计算结果若超过360°，应减360°，出现负值，应加360°。方位角的变化范围为0°～360°。如图6.10所示。

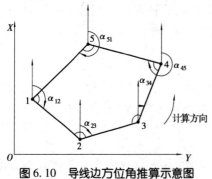

图 6.10　导线边方位角推算示意图

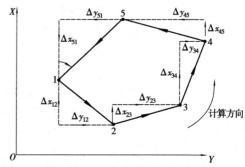

图 6.11　坐标增量推算示意图

③计算坐标增量。如图 6.11 所示,坐标增量计算式为:

$$\begin{cases} \Delta x = D \cos \alpha \\ \Delta y = D \sin \alpha \end{cases} \tag{6.6}$$

式中　D——导线边的边长;

　　　α——导线边的方位角。

④坐标增量闭合差的计算及调整,如图 6.12 所示。

坐标增量闭合差:
$$\begin{cases} f_x = \sum \Delta x \\ f_y = \sum \Delta y \end{cases} \tag{6.7}$$

导线全长闭合差:　$f_D = \sqrt{f_x^2 + f_y^2} \tag{6.8}$

导线全长相对闭合差　$K = \dfrac{|f_D|}{\sum D} = \dfrac{1}{\dfrac{\sum D}{|f_D|}} \le K_允 \tag{6.9}$

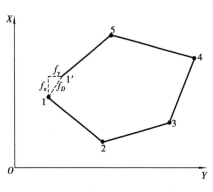

图 6.12　闭合导线全长闭合差示意图

若 $K \le K_允$($K_允$ 查有关规范),则导线总精度合格,可进行后续计算;否则,应重测。

改正后的坐标增量:
$$\begin{cases} \Delta x_改 = \Delta x + v_{\Delta x_改} \\ \Delta y_改 = \Delta y + v_{\Delta y_改} \end{cases} \tag{6.10}$$

式中　$v_{\Delta x_改}, v_{\Delta y_改}$——坐标增量闭合差的改正值。

坐标增量闭合差的调整原则:坐标增量闭合差 f_x, f_y 反号,按边长成正比例分配到各导线边上。即

$$v_{\Delta x_改} = \frac{-f_x}{\sum D} \times D_i; \quad v_{\Delta y_改} = \frac{-f_y}{\sum D} \times D_i \tag{6.11}$$

式中　$\sum D$——导线总长;

　　　D_i——第 i 边的导线边长。

⑤计算导线点的坐标:

$$\begin{cases} x_i = x_{i-1} + \Delta x_改 \\ y_i = y_{i-1} + \Delta y_改 \end{cases} \tag{6.12}$$

式中　x_i, y_i——导线第 i 点的坐标;

　　　x_{i-1}, y_{i-1}——导线第 $i-1$ 点的坐标;

　　　$\Delta x_改, \Delta y_改$——改正后的坐标增量(第 $i-1$ 点到 i 点)。

(4)计算校核　闭合导线计算校核应该满足下式:

$$\sum \beta_改 = (n-2) \times 180° \tag{6.13}$$

$$\alpha_{推算终边} = \alpha_{已知终边} \tag{6.14}$$

$$\begin{cases} \sum \Delta x_改 = 0 \\ \sum \Delta y_改 = 0 \end{cases} \tag{6.15}$$

$$\begin{cases} x_{推算起点} = x_{起点已知} \\ y_{推算起点} = y_{起点已知} \end{cases} \tag{6.16}$$

【例6.1】 闭合导线内业计算。已知值及观测值如图6.13所示,计算如表6.4所示,最终算出2,3,4点的坐标。

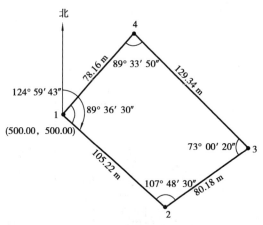

图6.13 闭合导线例题图

表6.4 闭合导线坐标计算表

点号	观测角β（左角）	改正值	改正后角值$\beta_{改}$	坐标方位角α	距离D/m	增量计算值 Δx/m	增量计算值 Δy/m	改正后增量 $\Delta x_{改}$/m	改正后增量 $\Delta y_{改}$/m	坐标值 x/m	坐标值 y/m	点号
1	2	3″	4 = 2 + 3	5	6	7	8	9	10	11	12	1
1				124°59′43″	105.22	−3 −60.34	+2 +86.20	−60.37	+86.22	500.00	500.00	1
2	107°48′30″	+13″	107°48′43″	52°48′26″	80.18	−2 +48.47	+2 +63.87	+48.45	+63.89	439.63	586.22	2
3	73°00′20″	+12″	73°00′32″	305°48′58″	129.34	−3 +75.69	+2 −104.88	+75.66	−104.86	488.08	650.11	3
4	89°33′50″	+12″	89°34′02″	215°23′00″	78.16	−2 −63.72	+1 −45.26	−63.74	−45.25	563.74	545.25	4
1 2	89°36′30″	+13″	89°36′43″	124°59′43″ (计算校核)						500.00 计算校核	500.00 计算校核	1
总和	359°59′10″	+50″	360°00′00″ (计算校核)		392.90	+0.10	−0.07	0.00 计算校核	0.00 计算校核			

辅助计算	观测值内角和:$\sum \beta_{测} = 359°59′10″$ 内角和理论值:$(n-2) \times 180°00′00″ = 360°00′00″$ 角度闭合差:$f_\beta = \sum \beta_{测} - \sum \beta_{理} = -50″$ 角度闭合差允许值:$f_{\beta允} = \pm 60″\sqrt{n} \pm 60″\sqrt{4} = \pm 120″$ $f_\beta < f_{\beta允}$,则测角精度合格	坐标增量闭合差:$\begin{cases} f_x = \sum \Delta x = +0.10 \\ f_y = \sum \Delta y = -0.07 \end{cases}$ 导线全长闭合差:$f_D = \sqrt{f_x^2 + f_y^2} = 0.12$ 导线全长相对闭合差:$K = \dfrac{f_D}{\sum D} = \dfrac{0.12}{392.90} \approx \dfrac{1}{3\,200}$ $K < K_允 = \dfrac{1}{2\,000}$,则导线总的精度合格

上例为闭合导线的内业计算。附合导线与闭合导线比较,计算过程相同,仅下面两种闭合差的计算方法不同。

①角度闭合差的计算:附合导线角度闭合差是用方位角推算,计算式为:

$$f_\beta = \alpha_{推算终边} - \alpha_{已知终边} \tag{6.17}$$

②坐标增量闭合差的计算:

$$\begin{cases} f_x = \sum \Delta x - (x_{终} - x_{始}) \\ f_y = \sum \Delta y - (y_{终} - y_{始}) \end{cases} \tag{6.18}$$

注意:附合导线转折角若为右角,角度闭合差应同号分配。

练习作业

1. 闭合导线中,已知数据及观测数据如图 6.14 所示,请列表计算 B,C,D,E 点的坐标。

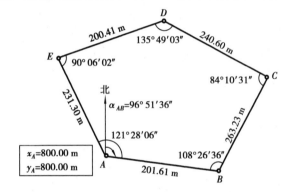

图 6.14 闭合导线业内计算图

2. 附合导线中,已知数据及观测数据如图 6.15 所示,请列表计算 1,2 点的坐标。

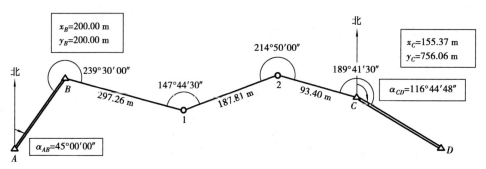

图 6.15　附合导线内业计算图

2)小三角测量简介

小三角测量适用于无测距仪器,精度要求高,视野开阔的地带。小三角测量布网如图6.16所示。

(1)外业　选点:选点并连成连续的三角形,各边通视;测边:钢尺精密量出 1 或 2 条基线边水平距离;测角:测所有三角形内角及定向角。

(2)内业　第 1 步:计算边长(正弦定理);第 2 步:计算坐标(同闭合导线内业计算)。

注意:正弦定理推算边长前,应对角进行 2 次平差,使三角形闭合、基线闭合;坐标推算前,应去掉三角网中间连线,其形式由三角网转为闭合导线。

【例6.2】　如图 6.16 所示,已知 $A(x_A, y_A)$,

观测 $\begin{cases}\text{边}:\text{基线边 } AB \text{ 及 } DE \text{ 边的边长 } D_0, D_n \\ \text{角}\begin{cases}\text{内部关系角}:\text{所有三角形 3 个内角 } a, b, c \\ \text{定向角}:AB \text{ 边方位角 } \alpha_{AB}\end{cases}\end{cases}$

推算:各控制点 B, C, D, E, F, G 点的坐标(x, y)

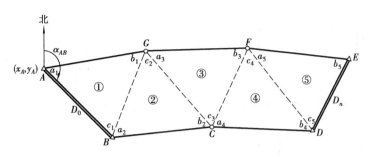

图 6.16 小三角测量布网

【解】 计算步骤如下：

第 1 步：对 a,b,c 角平差，使三角形闭合，第一次平差后的角为 a',b',c'；对 a',b' 角再次平差，使基线闭合。用 2 次平差后的角 a'',b'',c' 及起始基线 AB 边的边长 D_0，按正弦定理方法计算各边长。

第 2 步：去掉中间连线 BG,GC,CF,FD 构成闭合导线 $ABCDEFGA$，再用闭合导线内业计算方法计算 A,B,C,D,E,F,G 坐标。

注意：由于测距仪器的普遍使用，一般多用导线进行平面控制，只有在无测距仪器且精度要求较高时，才用小三角测量。小三角测量既可采用独立坐标系，也可采用统一坐标系。

3）交会法加密控制点

如图 6.17 所示，该法适用于测区已有一定数量的控制点，需要补充加密控制点。至少有两个已知点，由两个已知点与交会点 P 构成三角形，测三角形两内角或两边，求出交会点坐标。

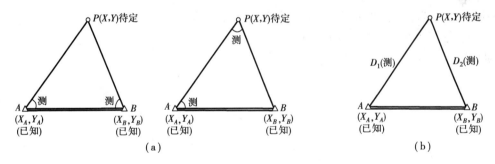

图 6.17 交会法加密控制点

（a）测角交会；（b）测边交会

（1）测角交会 测三角形两个角。已知 A,B 点坐标 $(X_A,Y_A)(X_B,Y_B)$，计算交会点 P 的坐标 (X_P,Y_P)。

（2）测边交会 测三角形两边 AP,BP。已知 A,B 点坐标 $(X_A,Y_A)(X_B,Y_B)$，计算交会点坐标 (X_P,Y_P)。

具体计算方法可参阅相关书籍。

除上述方法外，还可用极坐标法，即测三角形中已知点上一个角，再测已知点到待定点的一条边，即可推求出 P 点坐标。

知●识窗

为了提高交会点坐标的精度及便于校核,要由多个已知点与交会点 P 构成多个三角形,分别交会出 P 点的坐标,精度合格后取平均值作为最后结果,如图 6.18 所示。

$$三角形①\longrightarrow P'(X,Y) \atop 三角形②\longrightarrow P''(X,Y)\Bigg\} \longrightarrow P(X,Y)$$

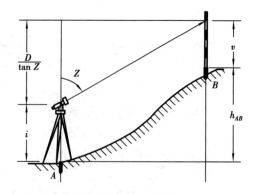

图 6.18　两个三角形交会控制点

6.2.2　高程控制测量

三角高程原理如图 6.19 所示。高程控制测量的目的是推算出各控制点的高程。常用方法有水准测量、三角高程测量(经纬仪视距三角高程、全站仪测距三角高程)。

测量步骤:

①测各边的高差($h_{测}$)。

②判断观测精度是否合格,若 $f_h \leqslant f_允$ 精度合格,否则重测。

③平差,推算出平差后的高差($h_{改}$)。

④推算高程(H)。

图 6.19　三角高程原理图

为了消除地球曲率及大气折光的影响,用三角高程测高差,应往返观测,最后结果为往返观测高差绝对值的平均数,符号用往测的符号。

（1）用经纬仪测

$$\left.\begin{array}{l} h_{AB} = \dfrac{D}{\tan z} + i_A - v_B \\[2mm] h_{BA} = \dfrac{D}{\tan z} + i_B - v_A \end{array}\right\} \longrightarrow \bar{h}_{AB} \qquad (6.19)$$

（2）用全站仪测　直接显示出地面两点间的高差 h_{AB}，$h_{BA} \longrightarrow \bar{h}_{AB}$

三角高程测量，可单独测交会点的高程，也可形成线路观测，求出高差闭合差，平差后，由改正后的高差推算待定点的高程。

观察思考

当你接受了一项控制测量任务，你是否能想到下面这些内容：了解测区地形，收集已知资料，搞清坐标系统与高程系统，考虑用什么方法测量，准备哪些设备？你会选用导线进行平面控制，选用三角高程测量进行高程控制吗？为什么？

知识窗

控制测量等级

1. 平面控制测量等级

国家平面控制测量（三角测量、精密导线测量）：一、二、三、四等。

城市平面控制测量（三角测量、城市导线测量、GPS 卫星定位技术）：一、二、三、四等三角网；一、二级图根小三角网；一、二、三级图根导线网。

小地区平面控制测量（导线测量、小三角测量、交会法）：首级控制、图根控制。

2. 高程控制测量等级

高程控制测量（水准测量、三角高程测量）：国家控制网：一、二、三、四等。

城市水准测量：二、三、四等及图根水准测量。

随着科学技术的发展和现代化测量仪器的出现，经典的测量技术将在某种程度上被全球卫星定位技术所代替。

6.3 经纬仪测图

6.3.1 测图前的准备工作

1)准备图纸

（1）图幅规格 一般采用 50 cm×50 cm,50 cm×40 cm 图幅,也可根据需要采用其他规格的图幅。

 察思考

测图比例尺1:500，一幅 50 cm×50 cm 的地形图,所能测出的最大实际面积是多少?

（2）地形图的编号 一个测区的地形图往往由若干张图纸组成,为了便于管理与阅读,应统一编号。一般采用图廓西南角坐标(以千米为单位)编号法,也可采用流水编号法或行列编号法。

①图廓西南角坐标(以千米为单位)编号法:若该图西南角坐标为($X = 40.00$ km,$Y = 32.00$ km),则该图的图号为(40.00—32.00),如图 6.20 所示。

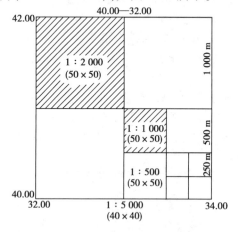

图 6.20 大比例尺地形图分幅与编号

②流水编号法:从左到右,自上而下用阿拉伯数字 1,2,3,…,n 编号,见表 6.5。

③行列编号法:以 A,B,C 等代表横行,由上到下排列;以阿拉伯数字代表纵行,从左到右排列,见表 6.6。

表 6.5 流水编号法

	1	2	3	4	
5	6	7	8	9	10
11	12	13	14	15	16

表 6.6　行列编号法

A-1	A-2	A-3	A-4		
B-1	B-2	B-3	B-4	B-5	
C-1	C-2	C-3	C-4	C-5	C-6

（3）绘制坐标方格网　测图前必须展绘控制点，为了精确地在纸质图上展绘控制点，图纸上必须绘有坐标方格网，网格规格为 10 cm × 10 cm。若采用聚酯薄膜画图，它本身印有坐标方格网，不需要再绘制；若采用数字化测图，直接在相应软件中调用方格网；若采用白纸绘图，则要手工绘制坐标方格网，一般用对角线法绘制。如图 6.21 所示。

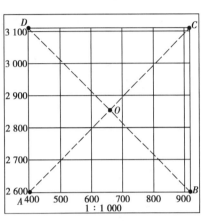

图 6.21　绘方格网

绘制方格网的步骤：

①绘制对角线，交点为 O。

②在对角线上截取 $OA = OB = OC = OD$，大致等于图幅对角线的 1/2。

③连接 A,B,C,D 点，绘制标准的矩形。

④在矩形对应边上截取 10 cm,10 cm,10 cm,10 cm,10 cm,得到截取点。

⑤连对应边上的截取点，得到方格网。

⑥标注图幅 4 个角点的坐标，以千米为单位。有时也以米为单位注在图幅的西南边上。

方格网精度校核：对角线上各方格角点，应位于同一直线上，其偏差≤0.2 mm；小方格边长及对角线长与理论长比较，其偏差≤0.2 mm；周边大方格对角线长与理论长之差≤0.3 mm。

（4）展绘控制点　其步骤为：

①在较小比例尺图纸上，粗略展绘所有控制点，了解控制点分布情况。

②分幅（50 cm × 50 cm 或 50 cm × 40 cm），了解图幅数及控制点在各幅图中的分配情况。

③精确展绘各控制点：先找到控制点所在的方格，然后算出控制点与该方格角点的坐标增量，再在方格四条边上截取增量值得到对应点，分别连对应截取点，所得交点即为展绘的控制点位，按《地形图图式》的规定符号注记。

如图 6.22 所示，控制点 E 坐标为（2 720.22 m，740.88 m），所在方格为1234，根据 E 点与该网格某角点的坐标差，定出点 a,b,c,d，连接 a,c 点与 b,d 点，交点即为所展绘的控制点 E。

（5）展点校核　图上相邻两控制点间的长度与由相邻两控制点反算的长度之比，不能超过 0.3 mm。

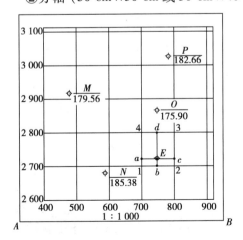

图 6.22　控制点的展绘

分幅、编号、绘方格网及展点完成后,图纸就准备好了。

数字化测图,不需事先准备图纸(可以画草图),而是将控制点(X,Y,H)直接输入电子记录手簿或仪器中,待测图时直接用。野外测毕,可随观测资料传入电脑。

2)仪器工具的准备

(1)常规测图用具

①测量仪器工具:经纬仪、水准尺、卷尺等。

②记录计算工具:程序计算器、记录簿、铅笔等。

③绘图工具:量角器、比例尺子、三角板、铅笔等(直角坐标上图,不需要量角器)。

(2)检校仪器　见第2章介绍。

3)了解测区情况

了解内容:控制点的分布、通视情况、地物种类及分布、植被种类、地面起伏变化状态、测区边界等。

6.3.2　测图方法

在测站点(测站点X,Y,H已知)上安置经纬仪,旁边安置绘图板,在地面上立尺,测出它们的平面位置和高程,用极坐标法或直角坐标法展点,相应点连线。

测图程序:测站准备—→立尺—→观测—→记录计算—→展点—→绘图。

1)测站准备(图6.23)

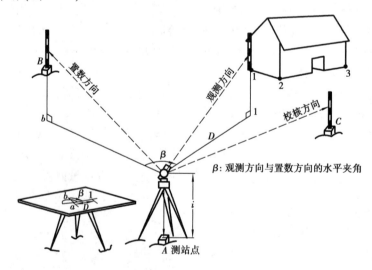

图6.23　测站上的准备

(1)安置经纬仪　对中、整平、量仪器高、置数。

置数有两种选择:瞄控制点B,水平度盘置零;瞄控制点B,水平度盘置该边的方位角(相当于瞄北方置零)。比较两种置数,后一种精度较高,容易判别方位,上图方便,不受置数点是否在图上的限制,而且可方便地提供任意方向的方位角,也是直角坐标上图必用的置数方法。

（2）安置图板　在测站旁安置图板,图纸上应做下列准备工作:

①若极坐标展点,则固定量角器于图纸测站上,并画出置零方向线。置零方向线指置零方向对应的线。若 AB 方向置零, AB 方向线为零方向线;若 AB 方向置方位角,南北方向线为零方向线。

②若用直角坐标展点,应定出新的坐标原点(一般选取网格某交点),作为上图的基准点。

（3）计算公式

①极坐标法展点数据——极角、极径、高程。

极角:相对于零方向线的水平角 β ,直接测得。

极径:测站点到立尺点的水平距离, $D = Kl \sin^2 Z$ 。

立尺点高程:

$$H_尺 = H_站 + \frac{D}{\tan Z} + i - v \qquad (6.20)$$

式中　K(知)——视距常数 100;

　　　l(测)——尺间隔(上下丝读数差,以 m 为单位);

　　　Z(测)——天顶距,不考虑指标差时,盘左时的竖盘读数;

　　　$H_站$(知)——测站点高程,由控制测量得;

　　　i(量)——仪器高,量取(地面点到仪器横轴中心的垂直距离);

　　　v(测)——中丝读数。

②直角坐标法展点数据——X'标、Y'标、H 高程。

立尺点的 X 坐标:

$$X'_尺 = X_站 + D \cos \alpha - X_{0'} \qquad (6.21)$$

立尺点的 Y 坐标:

$$Y'_尺 = Y_站 + D \sin \alpha - Y_{0'} \qquad (6.22)$$

立尺点的高程:

$$H_尺 = H_站 + D/\tan Z + i - v \qquad (6.23)$$

$$D = Kl \sin^2 Z$$

式中　$X_站,Y_站$(已知)——测站点坐标;

　　　$X_{0'},Y_{0'}$(已知)——新的坐标原点在原坐标系中的坐标;

　　　D(推求)——测站点到立尺点的水平距离;

　　　α(测)——测站点到立尺点的方位角(起始方向置方位角,即为水平度盘的读数)。

观测内容:三丝、水平盘、竖盘读数。

（4）测站校核　将某一控制点视为碎部点,用测图的方法测出该点的平面位置和高程,并展绘在图上,与该控制点本来的位置比较,若差值在允许的范围内,则测站准备工作就绪。否则,应查明原因重新准备。

2）立尺

立尺点的选择如图 6.24 所示。立尺点应选择在地物、地貌的特征点上,若地面为均匀坡,应按梅花形状均匀立尺。

（1）地貌特征点　山顶最高点,洼地最低点,鞍部、陡坎与陡崖的上下边缘转折点,山脊、山谷、山坡、山脚的坡度变化点及方向变化点。

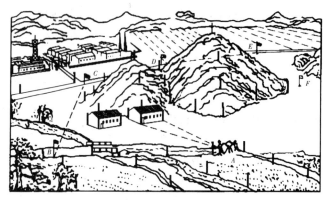

图 6.24　立尺点的选择

（2）地物特征点　地物轮廓线上的转折点、交叉点,河流和道路的拐弯点,独立地物的中心点等;对于水系(河流、湖泊、水库、池塘、沟渠等),为水涯线拐弯点;对于植被(树林、苗圃、经济林、稻田、旱地、菜地等),为植被边界线的方向变化处。

测绘要求:

①图上碎部点应具有一定的密度。一般图上碎部点间隔不超过 3 cm。若 1∶500 不超过 15 m;1∶1 000 不超过 30 m。

②地形图上高程点的注记:当等高距为 0.5 m 时,应精确至 0.01 m;当等高距大于 0.5 m 时,应精确至0.1 m。

③各类建筑物及附属设施:均应测绘,房屋外廓以墙角为准。

④居民区:可视测图比例尺大小或用图需要,内容及其取舍可适当综合。

⑤临时性建筑:可不测。

⑥独立地物:能按比例尺表示的,应实测外廓;不能按比例尺表示的,应准确表示出定位点或定位线。

⑦管线:均应实测。线路密集时或居民区的低压电力线和通信线路,可选择要点测绘;当多种线路在同一杆柱上时,应表示主要的。

⑧道路及其附属物:均应按实际形状测绘。铁路应测注轨面高程,涵洞应测注洞底高程。

⑨水系:应按实际形状测绘。水渠应测注渠顶边高程,堤坝应测注顶部及坡脚高程,水井应测注井台高程,水塘应测注塘底及塘顶边高程,当河沟、水渠在地形图上宽度小于 1 mm 时,可用单线表示。

⑩地貌:山顶、鞍部、洼地、山脊、山谷及倾斜变换点处,必须测注高程;露岩、独立石、土堆、陡坎等,应注高程或比高。各种天然斜坡、陡坎,比高小于等高距的 1/2 或图上长度小于 10 mm时,可不表示。

⑪植被:应按经济价值和面积大小适当取舍。地类界与线状地物重合时,应绘线状地物符号;梯田坎的坡度在地形图上大于 2 mm 时应实测坡脚,小于等于 2 mm 时可量注比高。

3)读数(仅用盘左位置观测)

上丝下丝——→尺间隔 l;中丝——→截尺 v;水平盘——→水平角 β 或方位角 α;竖盘——→天顶距 Z。

4）计算

极坐标法：

$$\begin{cases} D = Kl \sin^2 Z \\ H_{\text{尺}} = H_{\text{站}} + \dfrac{D}{\tan Z} + i - v \end{cases} \tag{6.24}$$

直角坐标法：

$$\begin{cases} X'_{\text{尺}} = (X_{\text{站}} + D \cos \alpha) - X_{\text{新原点}} \\ Y'_{\text{尺}} = (Y_{\text{站}} + D \sin \alpha) - Y_{\text{新原点}} \\ H_{\text{尺}} = H_{\text{站}} + \dfrac{D}{\tan Z} + i - v \end{cases} \tag{6.25}$$

5）展点

（1）极坐标法展点　工具有量角器、大头针、直尺或三角板。极坐标法的展图步骤为：

①在图上画出置零方向线。

②在量角器上找到水平角的对应值，对准零方向线。

③按测图比例尺，在量角器对应边上截取水平距离 D，得碎部点的平面位置。

④在碎部点位右侧标注高程（字头朝北）。

⑤勾绘出地性线、地物轮廓线，并用图示符号对地物地貌进行相关注记。

（2）直角坐标法展点　工具有直尺、三角板。如图 6.25 所示，步骤为：

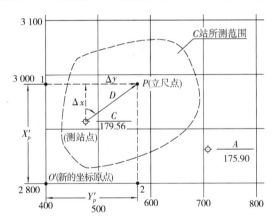

图 6.25　直角坐标法展点

①以新的坐标原点 O' 为起点，沿纵横网格线，分别量取 X'_p，Y'_p 得 1，2 点，过 1，2 点做网格线的垂线，所得交点即为立尺点 P 的图上位置，在点位右侧标注高程（字头朝北）。

②根据现场地形，勾绘地性线（山脊线、山谷线、山脚线等）、地物轮廓线、植被边界线、水边线等，注明特征点、地物符号及植被符号。勾绘出典型地貌等高线的大致位置。

（3）注意事项

①记录时应对碎部点进行备注。

②地性线要随测随连。

③观测若干点后应复核起始方向的置数是否有变化，若差值小于等于 4′，拨正后继续测，

若超限,应重测。

④碎部点距测站点距离控制在允许范围,否则影响测图精度。

⑤角度读至(′),距离与高程的取位与比例尺有关,一般距离取至0.1 m,高差及高程取至0.01 m。

⑥图上碎部点:平均间隔1~3 cm。

⑦测完一测站,应检查有无漏测和错测,必要时要补测、重测。

⑧为了便于图纸拼接,应测出接图边界5~10 mm。

练习作业

1. 用经纬仪测图时,立尺点应如何选择?

2. 极坐标法和直角坐标法的展点数据都有哪些? 是如何得到的?

知识窗

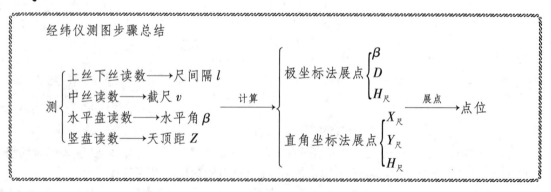

经纬仪测图步骤总结

6.3.3　地形图的绘制

知◉识窗

一般地形图包括：

▶点状地物：控制点、独立符号、工矿符号等。

▶线类地物：管线、道路、水系、境界等。

▶面状地物：需要填充符号的，如居民地、植被、水塘等。

地形图的地形要素很多，可将它们总结归类为 10 大类：测量控制点、居民地、工矿企业建筑物和公共设施、独立地物、道路及附属设施、管线及附属设施、水系及垣栅、境界、地貌与土质、植被。

1）地物的描绘

（1）居民地　不规则时，连相邻角点；排列整齐时，用推平行线的方法绘出；独立小地物，绘出中心位置后，按地物底部尺寸绘出地物的轮廓。

（2）道路（铁路、公路、大车道、小路）　绘出道路的一侧，根据路宽绘出路的另一侧；绘出道路中心线，根据路宽绘出路边线。对于不能按比例符号表示的道路，按图示符号绘制；绘小路时，注意弯道的取舍。

（3）水系（河流、湖泊、水库、池塘、沟渠等）　绘出岸线及水面与岸边的交线（水涯线）。沟渠按规定符号绘制。

（4）植被（树林、苗圃、经济林、稻田、旱地、菜地等）　绘出边界线，填充相应植被符号，并对植被种类加以汉字标注说明。

（5）管线设施　绘出线路上的杆塔位置及线路连接，根据高低压、输配电及通信线路的种类，用相应符号绘出。

2）等高线的勾绘

在地形图上用等高线表示地貌。为了方便勾绘等高线，在测图进程中，要随时注意连接相关特征点，勾绘出山脊线、山谷线、坡脚线等地性线，标注出山头最高点、洼地最低点、鞍部等特征点，再根据特征点、地性线及地形点的分布情况判断出地面起伏变化状态，从而勾绘出等高线。

等高线不是直接绘出，而要通过地形点内插。两点间为均匀坡，则高差与水平距离对应成比例，按这一对应关系先内插高程点，再内插勾绘等高线。

图 6.26 中 A，B 点高程为 62.6 m，66.2 m，等高距 1 m。在 ab 间，内插 63 m，64 m，65 m，66 m 等高线对应的点 $1'$，$2'$，$3'$，$4'$，步骤为：

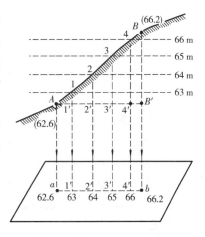

图 6.26　均匀坡内插高程点

①量图上距离 D_{ab}。

②算高差 h_{AB}。

③求 63 m,66 m 等高线对应点位 1′,4′(按均匀坡高差与水平距离对应成比例的关系)。

④3 等分 1′4′即得 64 m,65 m 等高线对应点位 2′,3′点。

同法可求出其他相邻地形点间等高线通过的点位。

绘等高线:根据内插点位,结合等高线的特性,对照地性线的走向与实际地形,用光滑的曲线将高程相同的相邻点连起来,就得到等高线了。

注意事项:

①上述内插等高线的方法为理论方法,熟练后可直接用目估法。

②若相邻地形点间有地性线(山脊线、山谷线等),说明这两点间不是均匀坡,不满足两点间高差与水平距离对应成比例的关系,不能按上述原理内插。

③为了尽可能地反映地形特征,主要等高线的勾绘,常在野外对照地形边测边绘。

练习作业

试在图 6.27 上用 1 m 等高距勾绘等高线。

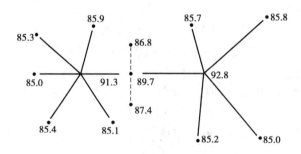

图 6.27　勾绘等高线

3)地形图的拼接

若测区较大,对整个测区要分组或分块进行测绘,图幅间应进行拼接。由于测量误差的存在,接头处的地物、地貌一般会出现错位,若错位在允许范围内,应进行修正,否则应分析原因,必要时要到野外复测纠正。为了便于图形拼接,测图范围应超过拼接边 5 ~ 10 mm。

4)地形图的检查

为了保证地形测量成果的质量,所测图必须经过层层检查,合格及以上等级的图纸才能投入使用。检查包括自己检查、小组检查、大组检查及质量监督部门检查,检查方式包括图面检查及野外检查。

(1)图面检查　主要检查控制点的分布是否合理,地物位置是否正确,等高线是否合理,地物、地貌符号是否按《地形图图式》绘制,接图边的拼接精度是否合格,是否有错漏等。若有问题,应先查内业资料,再野外检查,必要时野外补测更正,不得随便修改。

(2)野外检查　将图纸与现场对照,进行巡视检查,核对图上地物、地貌与实地是否吻合。检查中发现的错误或疑点,要设站检查修正。

5）地形图的修饰

地形图上的字、线及符号应按《地形图图式》的规定进行绘制与标注，如字体、字号、字的方向、线型、线粗、符号的大小、符号的尺寸、符号的定位点及定位线、符号的方向与配置、均应在图上正确标示。

最后，完善图框外的注记与说明，如图名、图号、接图表、测图单位、测图日期、测图方法、坐标系统、高程系统、等高距、图式版本、测图比例尺、测图员、绘图员、检查员等。详见《地形图图式》。

6.4 数字化测图

6.4.1 数字化测图概念

1）数字化测图

数字化测图是以仪器野外采集的数据为电子信息，自动传输、记录、存储、处理、成图和绘图。其基本方法是将采集的各种有关的地物和地貌信息转化为数字形式，通过数据接口传输给计算机进行处理，得到内容丰富的电子地图，需要时由图形输出设备（如显示器、绘图仪）绘出地形图或各种专题地图。

2）数字化测图的特点

特点：自动化、数字化、高精度。提交的成果是可供传输、处理、共享的数字地形信息。随着现代测绘设备和计算机应用软件的广泛应用，数字化测图已逐步替代传统的白纸测图。

3）数字化测图的步骤

其3大步骤是数据采集、数据处理、图形输出。数字化作业流程如图6.28所示。

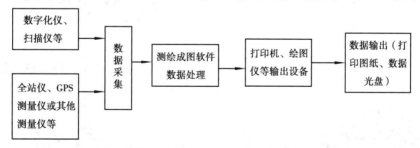

图6.28 数字化作业流程图

数字化地形测量仍然包括控制测量、碎部测量，但是这两部分既可平行施工又可按顺序施工，与传统地形测量相比，压缩了大量的中间生产过程。在一定条件下，大比例尺数字化地形测量可以一次性全面布网至测站点，并且可以直接先测图而不受"先控制、后测图""逐级加密"等测量原则的约束。

碎部测量在数字化地形测量中是地形数据采集的过程,大量的成图工作由内业完成,成图的方法根据使用测图软件的不同而不同。

6.4.2　获取数字地图的方法

1)地图数字化成图(纸质图——→数化图)

成图过程:纸质图——→室内数字化——→数化图。

使用设备:计算机、数字化仪、扫描仪、扫描矢量化软件。

作业方法:

①手扶跟踪数字化:用数字化仪对纸质图进行手扶跟踪数字化。

②扫描矢量化后数字化:用扫描仪对纸质图进行扫描,得到光栅图像,再用扫描矢量化软件进行屏幕跟踪数字化。

优点:充分利用现有纸质地形图,投入软硬件资源较少;缺点:精度比原图低。

2)航测数字测图(航测像片——→数化图)

成图过程:航空摄影——→航测像片——→外业判读影像——→内业立体测图——→数字化地形图。

优点:成图速度快、精度均匀、成本低;缺点:对设备及操作人员的专业化程度要求高。

3)地面数字测图(实地测点——→数化图)

地面数字测图模式有全站仪自动跟踪测量模式、GPS 测量模式、现场测记模式。

用测量仪器(全站仪、GPS)进行实地测量,自动完成数据记录、处理和传输,由计算机生成数字地形图。此方法又称内外业一体化数字化测图。

优点:精度高,是当今测绘大比例尺数字地形图的主要方法;缺点:耗费高,作业时间相对较长。

6.4.3　全站仪数字化测图

全站仪数字化测图仍然包括控制测量与碎部测量,可"先控制测量,后碎部测量",也可同时进行,与常规测图方法比较可大大节省时间。

1)测图流程

由全站仪实地测量采集数据并传输给计算机,通过计算机软件对野外采集的信息进行识别、连接、调用图式符号,并编辑生成数字地形图。测图流程如图 6.29 所示。

野外数据　　　　　　室内用CASS6.0　　　　　　绘图及成果输出
采集及绘图　　　　　进行图形编辑

图 6.29　全站仪测图流程图

2）采集的数据信息

（1）点的信息　点的信息包括点号及点的三维坐标(X,Y,H)，通过全站仪实测获取。

（2）绘图信息　绘图信息包括点的属性及测点间的连接关系，通过对点编码或绘草图体现。

3）野外采集数据前的准备工作

（1）仪器工具　仪器工具包括全站仪、对讲机、电子手簿或掌上电脑、备用电池、反光棱镜、钢尺等。

（2）控制测量成果　控制点分布图、控制点的坐标(X,Y,H)。

（3）作业区域的划分　一般以沟渠、道路等明显线状地物划分测区。这样划分的好处是避免漏测、重测和图纸的拼接。

（4）人员分工　测记法（草图法）：观测员 1 人，记录员 1 人，草图员 1 人，跑尺员 1 或 2 人；电子平板法：观测员 1 人，电子平板（便携机）操作员（记录与成图）1 人，跑尺员 1 或 2 人。

4）采集数据步骤

①在测站点安置全站仪，连接便携机，量取仪器高，开机。

②选择测量状态。

③输入测站点和后视点的点号（输入点号，就相当于调用对应点的(X,Y,H)）。

④定向：在后视点立镜，瞄镜进行定向。

⑤测站校核：在一控制点上立镜，测出该点的三维坐标(X,Y,H)，并与控制测量所得该点值比较，若满足要求，则测站准备工作就绪。否则，应进行下列几方面的检查：

a. 已知点、定向点和检查点的坐标是否输错。

b. 点号是否调错。

c. 仪器及设备是否有故障。

d. 仪器操作是否正确等。

⑥通知持镜者开始跑点，测出各碎部点的三维坐标(X,Y,H)并记录。

⑦一站测完检查确认无误后，关机、搬站。下一测站，重新按上述步骤进行。

具体操作方法参看仪器使用说明书。

5）传输碎部点三维坐标

外业数据采集后，用通信电缆线连全站仪与计算机或连外接记录簿与计算机，将采部点的三维坐标(X,Y,H)传入计算机，并以文件的形式保存。

6）展绘碎部点、成图

按绘图软件的提示，即可展绘出碎部点（包括点位、高程及点号），再结合野外绘制的草图即可绘制出地物，通过绘图软件建模即可勾绘出等高线，通过绘图处理、图形编辑、修改、整饰，最后形成数字地图。

具体操作方法参看软件使用说明书。

7）采集数据注意事项

①测点时，除了测特性点外，还应加密测点，以满足计算机建模的需要。

②测图单元尽量以自然分界来划分，如以河流、道路等划分。

③尽量用仪器直接实测。

④立尺员与测站应及时互通信息，以确保数据记录的真实性。

⑤做好详细记录,不要把疑点带到内业中处理。

⑥若绘草图,则须标明测点的属性。

> (1)成图软件
>
> 数字化测图离不开成图软件的支持。地形图成图软件较多,如地形地籍成图软件CASS 10.0,广东国土厅 GTC 2019 地形地籍测量系统,测绘 e 数字化成图系统 CHe 6.0,EpsW 2000,Xmap 20000,SV 300 R14,广州开思 SCS G2005,中南冶金勘测研究院的青山智绘,瑞得数字测图系统 RDMS 5.0 等数字化成图软件。
>
> 按操作平台分类:
>
> ①自主操作平台是测绘软件完全由自己来开发的操作平台,如清化山维 EpsW 2021 V5.0、中南冶金勘测研究院的青山智绘、测绘 e 数字化成图系统 CHe 7.1。
>
> ②在其他操作平台上进行二次开发的测绘软件,如南方测绘公司的 CASS。
>
> (2)地面数字测图的 3 种模式
>
> ①全站仪自动跟踪测量模式:测站架设自动跟踪式全站仪,利用全站仪自动跟踪照准立在测点上的棱镜,通过无线数字通信将测量数据自动传输给棱镜站的电子平板记录成图。
>
> ②GPS 测量模式:在 GPS 实时动态定位技术(RTK)作业模式下,能够实时提供测点在指定坐标系的三维坐标成果,测程可达到 $10 \sim 30$ km。通常先设置好基准站的 GPS 接收机,保证数字通信的畅通。通过数据链将基准站的观测值及站点坐标信息一起发给流动站的 GPS 接收机。此时流动站的 GPS 不仅接收来自基准站的数据,还要同时接收卫星发射的数据,这些数据组成相位差分观测值,经处理可随时得到厘米级的定位结果,然后进行数据处理编辑成图。
>
> ③现场测记模式:一种是人工实地绘制草图,野外用记录器记录测量数据(有的全站仪也可以记录),再将测量数据传输到计算机。内业用绘图软件,按人工草图编辑图形文件,绘制出数字地形图;另一种是利用编码操作,数据采集时,记录成图所需的全部信息,不用画人工草图,利用智能绘图软件内业自动成图。

6.5　地形图的应用

问题引入

地形图是地面上地物、地貌在图纸上的综合反映,是工程规划、设计与施工中不可缺少的重要资料,正确使用地形图是施工人员必须掌握的基本技能。那么,如何看懂地形图,如何利用地形图解决工程问题呢?

6.5.1 地形图的阅读

1)读图步骤

从图外到图内,从整体到局部,逐步了解具体内容。

2)阅读内容

(1)图廓外注记(图6.30)

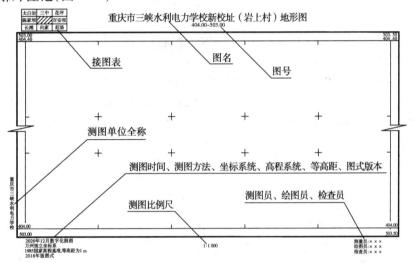

图6.30 图廓外注记

①比例尺:通常在地形图南图廓外正中注有数字比例尺。地形图的比例尺有数字比例尺和直线比例尺。按比例大小又有大、中、小比例尺。一般中、小比例尺地形图上绘有直线比例尺,利用它可以直接量测图上两点间对应的实际水平距离。

②坐标系统:坐标系统标在图纸的西南角。大比例尺地形图一般采用全国统一的高斯平面直角坐标系,有的图纸也采用独立平面直角坐标系或与当地坐标系统吻合的坐标系统。

③高程系统:高程系统标在图纸的西南角。有"1985国家高程基准""1956年黄海高程系"。在不易统一高程的地区,也采用独立高程系。

④图式:地形图应按国家统一规定的图式绘制,图式与比例尺对应选用。不同版式的图式符号不尽一致,地形图采用何种版式,可从地形图西南角查得。

⑤测图时间和测图方法:不同测图时间和测图方式隐含着地形图的变化和精度的差别。从地形图西南角获得。

(2)地物方面 地物可分为自然地物和人工地物,前者如河流、湖泊、森林等,后者如居民地、道路设施、管线设施等。地物用地物符号表示。从地物符号种类、分布,可判断出测区内居民点、水系、交通、农作物等及它们的分布、面积大小和方位。一些特定地物的识别,可根据象形、会意特点来认识。

(3)地貌方面 从等高线的走向、稀密,判断出地面的陡缓与倾向,分析出典型地貌,如山头与洼地、山谷与山脊、鞍部、悬崖与陡壁、山地与平原;找出地性线,如山脊线(分水线)、山谷线(合水线)、山脚线,然后依次识读山脉的连绵与水系分布,从而想象出地面总的起伏变化状态。

察思考

如何在地形图上判断方位？图上有指北针,好办!

①如果没画指北针,但是有坐标方格网,怎样判断?

②如果既没有指北针,又没有坐标方格网,怎样判断?

3)读图举例(图6.31)

(1)图幅外

①图幅正北外侧:图名(茂林村)、图号(5.68—9.30)。

②图幅正南外侧:比例尺(1:2 000)。

③图幅西南角:测图单位(重庆市三峡水利电力学校)、测图时间(2020年12月)、测图方法(全站仪数字化测图)、坐标系统(万州独立坐标系)、高程系统(1985国家高程基准)、图式(2018版图式)。

④图幅东南角:测图、绘图、检查人员。

⑤图幅西北角:接图表,反映该图与周边图的接图关系。

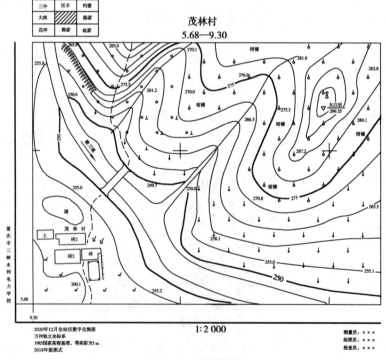

图 6.31　读图举例

(2)图幅内

①磨刀溪河流,从北至东贯穿图幅,一支流由东北方向进入磨刀溪主河道。

②北岸:有制高点太白岩,山顶有三角点1个、电视发射塔1座;有明显山脊3条、山谷2条;西面有陡崖;植被以柑橘、水稻为主,也有部分林地,坡面上有坟群。

③南岸:有居民点茂林村,位于图幅的西南角;地势较平坦;茂林村北面有一水塘,南侧是菜地;小路途经茂林村。

④南北两岸靠人行桥连接。

提问回答

你能在图6.31中找出最陡处、最缓处吗?你能画出山脊线、山谷线吗?请试一试。

6.5.2 地形图的基本应用

1)求点的坐标、高程

(1)求点的坐标

①纸质图:从图上量,如图6.32所示,若求 B 点的坐标,先找到 B 点所在的方格为 $abcd$,再查出 B 点到所在方格某角点的坐标增量,然后计算 B 点的坐标。

$$X_B = 5\,600.00 \text{ m} + 77.80 \text{ m} = 5\,677.80 \text{ m}$$
$$Y_B = 9\,600.00 \text{ m} + 71.80 \text{ m} = 9\,671.80 \text{ m}$$

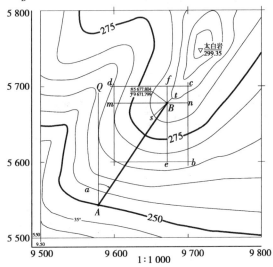

图 6.32 地形图上查点的坐标、高程

注意:若地形图有收缩,还应考虑图纸伸缩的影响。上式数据均为实际值,以米为单位。

②数化图:从电子板上查,若查 B 点的坐标,则打开地形图,选取查询功能,点击 B 点即可查得。

观察思考

1. 你用数字化地形图时,如果图形经过了平移或旋转,你能在图上查出正确的距离、坐标和方向吗?

2. 在地形图上,方格网的边长是 10 cm,所代表的实际水平距离是多少?

3. 地形图上若没有标注比例尺,但是在图廓角点上标有坐标,你能否推算出比例尺?

（2）求点的高程

①若点在等高线上，则等高线上的高程即为该点的高程。如图6.32所示，A 点位于250 m 等高线上，则 A 点的高程为250 m。

②若点没在等高线上，则要通过等高线内插。如图6.32所示，若查 B 点的高程，过 B 点作相邻两等高线的垂线 st，s 点到 t 点的高差为 +5 m，其中 s 点到 B 点占2/3，高差约为 +3.30 m。则 B 点的高程为：

$$H_B = 280.00 \text{ m} + 3.30 \text{ m} = 283.30 \text{ m}$$

2）求两点间的水平距离

（1）纸质图

方法1（直接量取法）：图上距离 × 比例尺分母。

方法2（坐标反算）：

①量取 A，B 两点坐标 (X_A, Y_A)，(X_B, Y_B)。

②计算 A，B 两点间的坐标增量 $(\Delta X, \Delta Y)$。

③计算 A，B 两点间的水平距离 $D_{AB} = \sqrt{\Delta X^2 + \Delta Y^2}$。

（2）数化图　直接在电子图板上查取。

小组讨论

读图6.32，讨论以下问题：

1. 由地形图上的量距算实际距离，是水平距离还是斜距？

2. A，B 点间的水平距离、斜距、实际距离相同吗？三者在空间上是什么关系？其中最短的与最长的分别是哪个？

3. 距离 D_{AB} 与 D_{BA} 相同吗？高差 h_{AB} 与 h_{BA}、方位角 α_{AB} 与 α_{BA} 呢？

3）求直线的方位角

（1）纸质图

方法1：用量角器直接量取，如图6.32所示。

量 AB 直线的坐标方位角：过 A 点做坐标纵轴的平行线 AQ，以 A 点为角顶点，以 AQ 为起始方向，沿顺时针方向量至 AB 边的夹角。

方法2：坐标反算。

图上查 A，B 两点间的坐标增量 $(\Delta X_{AB}, \Delta Y_{AB})$。

由 $\tan R_{AB} = \dfrac{|\Delta Y_{AB}|}{|\Delta X_{AB}|}$，求得 R_{AB}，再将象限角 R_{AB} 换算成方位角 α_{AB}。

方位角 α_{AB} 与象限角 R_{AB} 的关系，如图6.33所示。

（2）数化图　直接在电子图板上查取。若查 AB 边（A 到 B）的方位角，在相应状态下，先点击 A 点，再点击 B 点即可获取。

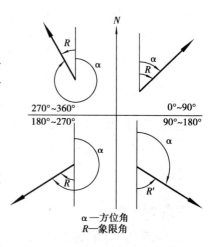

图6.33　方位角与象限角的关系

注意:方位角有很强的方向性,注意点击的顺序。

4)求直线的坡度

①查或算 A,B 两点间的水平距离 D_{AB}。

②查 A 点到 B 点的高差 h_{AB}。

③算 A 点到 B 点的坡度 i_{AB}:

$$i_{AB} = \frac{h_{AB}}{D_{AB}} \tag{6.26}$$

坡度一般用百分率、千分率或分子为 1 的形式表示。坡度的符号与高差相同。

练习作业

读图 6.34,并回答下列问题:

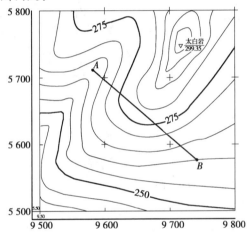

图 6.34 地形图应用作业图

1.A 点的坐标、高程各是多少?

2.A,B 点间的水平距离、斜距各是多少?

3.A 点到 B 点的高差、方位角、坡度各是多少?

4.A,B 两点能通视吗?为什么?

5.A,B 点连线上最高点的高程是多少?最低点的高程是多少?

6.5.3 地形图在规划设计中的应用

1)按设计线路绘制断面图

(1)绘断面图的作用

①了解沿剖切方向上地面起伏变化状态。

②为概算挖填方量做准备。

③确定线路的设计坡度。

（2）按指定方向依等高线绘制断面图 如图6.35所示，沿AB方向画断面图，其步骤为：

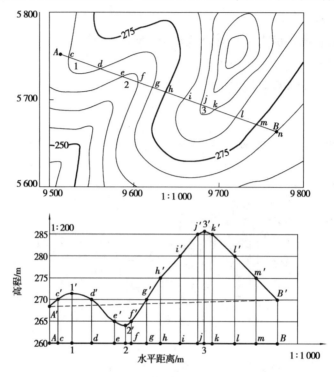

图6.35 根据等高线绘断面图

①绘纵（高程）、横（水平距离）坐标轴。

②标出AB与等高线的交点c,d,e,f等。

③依次量取交点间的间隔，按一定的比例标在横轴上，过标定点做横轴的垂线。

④在垂线上截取对应高程，得交点c',d',e',f'等。

⑤依次光滑连接各交点，得地面上AB方向线的断面图。

注意：断面线上c'与d',e'与f',j'与k'不可连成直线，因为不是均匀坡，要体现出地面的起伏，按倾势顺延后光滑连接。

断面图中，纵横比例尺比较：用于算土石方量，则纵横比例尺应相同；用于布置线路，则纵向比例尺一般要大于横向比例尺10～20倍，以明显地看出地面的起伏变化状态。

小组讨论

从地形图上 ——查—→ 距离、高程 ——绘—→ 断面图；用仪器在实地 ——测—→ 距离、高程 ——绘—→ 断面图。你们更喜欢用哪种？为什么？

读图 6.35,思考下列问题:

1. A, B 两点通视吗?

2. 沿同坡度从 A 点到 B 点修一条路,哪些路段需要打隧道,哪些路段需要架桥,如何考虑?

2)按设计坡度在地形图上选择最短路线

在道路、管线等工程规划中,一般要求按限制坡度选定一条最短路线或等坡度线,如图 6.36 所示。

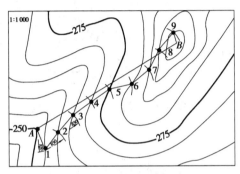

图 6.36 按设计坡度选线

要求:从 A 点到 B 点选线,按设计坡度选线路最短线。

已知:地形图比例尺为 1:1 000;等高距为 5 m;设计坡度为 17/100。

步骤①:根据设计坡度(17/100)、等高距(5 m),计算高差为 5 m 对应的实际水平距离 D。

$$17 : 100 = 5 : D \longrightarrow D$$
$$1 : 1\,000 = D_{图} : D \longrightarrow D_{图}$$

步骤②:从 A 点出发,以 A 点为圆心,以 $D_{图}$ 为半径画弧,与相邻等高线相交,得交点 1。再以点 1 为圆心,以 $D_{图}$ 为半径画弧,与相邻等高线相交,得交点 2。依次类推得 3,4,5,6,7,8,9,B 点。

步骤③:依次连 A,1,2,3,4,5,6,7,8,9,B 点,便得图上设计的路线。

按上述方法,可画出多条线路,最后考虑地质、水文等因素,按最经济合理原则定线。如果画图过程中,圆弧与等高线不相交,说明地面坡度比设计坡度缓,则取其最短线路。

3)确定汇水面积

(1)汇水面积边界线的勾绘 如图 6.37 所示,一建筑物欲跨越河谷 m,需要确定 ab 断面对应的汇水面积。汇水面积边界线是由汇水区域周边一系列山头、山脊、鞍部依次连接而成,它与山脊线一致,与等高线垂直。其汇水面积即为 b—c—d—e—f—g—h—a 所形成的封闭图形的面积。

图 6.37　确定汇水面积边界线

（2）确定汇水面积

① 纸质图：

a. 方格网法：如图 6.38（a）所示，面积 = 方格数 × 方格实际面积（不足整格的凑整）。

b. 平行线法：如图 6.38（b）所示，面积 = $\sum\limits_{1}^{n}$ 梯形实际面积 + 三角形实际面积。

c. 将 $b—c—d—e—f—h—a$ 封闭图分解成几个简单的几何图，再叠加。

d. 直接用求积仪求出。

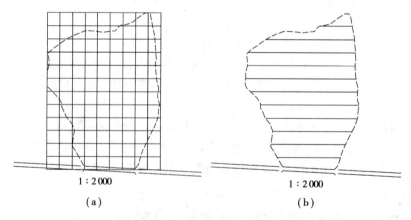

1 : 2 000

（a）

1 : 2 000

（b）

图 6.38　方格网法、平行线法求面积

（a）方格网法；（b）平行线法

② 电子图：直接在电子图板上查询面积即可。

4）场地平整中的土石方估算

（1）方格网法　方格网法如图 6.39 所示，适用于大面积土石方估算。其步骤是：

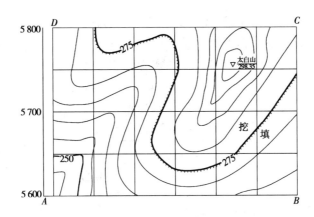

图 6.39 方格网法估算土石方量

①绘方格网。

②绘挖、填方分界线(若平整成水平面,分界线为等高线;若平整为倾斜面,分界线为倾斜面与地面的交线,由两面上同名等高线的交点连接而成)。

③查方格角点地面高程 $H_{地面}$。

④查角点挖深或填高:

$$h_{挖深(或填高)} = H_{地面} - H_{设计} \tag{6.27}$$

⑤求分块挖、填方量:

$$A_{挖(或填)} \times \bar{h}_{挖深(或填高)} \tag{6.28}$$

⑥求总挖、填方量:

$$V_{挖(或填)} = \sum_1^n \left(A_{挖(或填)} \times \bar{h}_{挖深(或填高)} \right) \tag{6.29}$$

式中 n——挖方(或填方)对应的分块数;

     $\bar{h}_{挖深(或填高)}$——分块平均挖深(或平均填高);

     $A_{挖(或填)}$——分块挖(或填)面积。

小组讨论

1. 如果将场地平整成水平面,如何确定挖填方的分界线?

2. 如果要求保证挖填方平衡,又如何确定挖填方的分界线?

(2)等高线法   场地起伏较大,单纯的挖或填,场地平整为水平面时常用等高线法,如图6.40所示。

步骤:

①用一组水平面分层(水平面与地面的交线为等高线)。

②求等高线包围的实际面积。

③求各层体积(顶层为锥体,其余各层为台体)。

④分层体积叠加即得总方量。

例如,第2层体积为:

$$V_2 = \frac{1}{2} (A_{上顶面} + A_{下底面}) \times h \tag{6.30}$$

式中 h——上顶面与下底面的高差 204 m – 202 m = 2 m；

$A_{上顶面}$——204 m 等高线包围的实际面积；

$A_{下底面}$——202 m 等高线包围的实际面积。

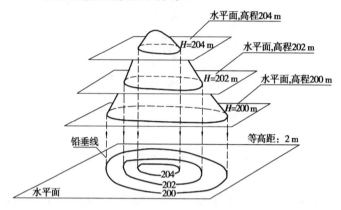

图 6.40 等高线法求方量

 察思考

如图 6.41 所示，如何用等高线法求 225 m 水位对应的库容？如何求 222 m 水位对应的库容？

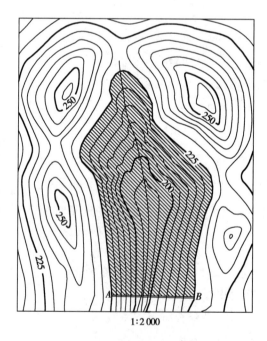

图 6.41 等高线法算库容

（3）断面法　带状地形常用断面法,如图 6.42 所示。

步骤:

①按一定间隔绘原地形断面图。

②在断面图上套绘设计线。

③计算断面线与设计线间包围的面积 $A_{挖}$,$A_{填}$。

④计算各分段方量:

$$V_{挖(或填)} = \frac{A_{挖(或填)i} + A_{挖(或填)i-1}}{2} \times d \qquad (6.31)$$

式中　d——断面间隔。

⑤叠加各段方量即得总方量。

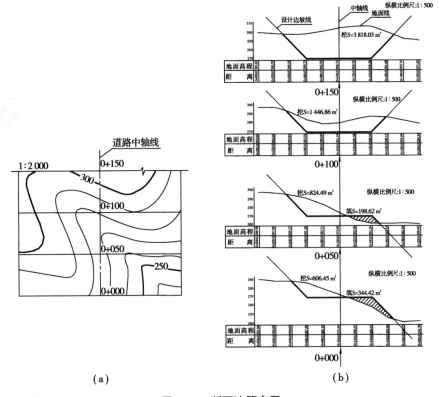

（a）　　　　　　　　　　　　　　　（b）

图 6.42　断面法算方量

【例 6.3】　图 6.42（a）中,已知地形图、道路横断面图、道路中轴线位置、桩号 0 + 000,
0 +050,0 +100,0 +150。图 6.42(b)是地形断面图(取断面间隔 50 m,纵横比例尺 1:500),并
在地形断面图上套绘了道路断面图。若要通过断面图算方量,则断面图的纵横比例尺应相同。

【解】　计算方量:两断面线所包围的面积如图 6.41(b)所示。

桩号 0 +000:挖 606.45 m^2,填 344.42 m^2;

桩号 0 +050:挖 824.49 m^2,填 198.62 m^2;

桩号 0 +100:挖 1 446.86 m^2,填 000.00 m^2;

桩号 0 +150:挖 3 818.03 m^2,填 000.00 m^2。

挖填方量为:

$$V_{挖} = \frac{1}{2}(606.45\ \text{m}^2 + 824.49\ \text{m}^2) \times 50\ \text{m} + \frac{1}{2}(824.49\ \text{m}^2 + 1\ 446.86\ \text{m}^2) \times 50\ \text{m} +$$

$$\frac{1}{2}(1\ 446.86\ \text{m}^2 + 3\ 818.03\ \text{m}^2) \times 50\ \text{m}$$

$$= 35\ 773.5\ \text{m}^3 + 56\ 783.75\ \text{m}^3 + 131\ 622.25\ \text{m}^3 = 224\ 179.5\ \text{m}^3$$

$$V_{填} = \frac{1}{2}(344.42\ \text{m}^2 + 198.62\ \text{m}^2) \times 50\ \text{m} + \frac{1}{2}(198.62\ \text{m}^2 + 000.00\ \text{m}^2) \times 50\ \text{m} +$$

$$\frac{1}{2}(000.00\ \text{m}^2 + 000.00\ \text{m}^2) \times 50\ \text{m}$$

$$= 13\ 576\ \text{m}^3 + 4\ 965.5\ \text{m}^3 = 18\ 541.5\ \text{m}^3$$

学习鉴定

1. 填空题

(1)控制测量按任务分为平面控制测量和高程控制测量,平面控制测量的方法有_____、_____、_____;高程控制测量的方法有_____、_____;控制测量的最终目的是为了推求出控制点的_____、_____。

(2)导线的布置形式有_____、_____、_____ 3 种。导线的外业工作包括_____、_____、_____;内业计算中闭合差包括_____、_____。评定导线精度的总指标是_____。

(3)闭合导线改正后的内角和等于_____;改正后的坐标增量之和等于_____。附合导线改正后的坐标增量之和等于_____。角度闭合差的调整原则是_____分配在各个角上。坐标增量闭合差的调整原则是将坐标增量闭合差反号,按_____分配在各条边上。

(4)某闭合导线,横坐标增量总和为 −0.35 m,纵坐标增量总和为 +0.46 m,导线总长 1 216.38 m。导线全长相对闭合差是_____。

(5)在纸质地形图及电子地形图上,如何求得点的三维坐标(X,Y,H)？如何求两点间的水平距离及直线的方位角？_____。在地形图上如何判断方位？_____。

(6)地物和地貌在地形图上用_____和_____表示;_____是地物特征点;_____是地貌特征点。

(7)地形图上 AB 长 3.5 cm,它所代表的实际水平距离为 17.5 m,则测图比例尺为_____,比例尺精度为_____。

(8)同一幅地形图,基本等高距相同,若等高线平距越小,则等高线越_____、地面坡度越_____。等高线与山脊线、山谷线的相交关系是_____。

(9)数字化测图,野外除了要测出碎部点的三维坐标(X,Y,H),还必须知道所测的点是什么点、点与点之间如何连线、用什么符号、用什么线型。这就需要通过_____或_____来实现。

2. 计算题

从地形图上量得 A,B 两点的坐标和高程为:$X_A = 1\ 237.52$ m,$Y_A = 976.03$ m,$H_A = 163.574$ m;$X_B = 1\ 176.02$ m,$Y_B = 1\ 017.35$ m,$H_B = 159.634$ m。求:①AB 水平距离;②AB 边的坐标方位角;③AB 直线坡度。

3. 读图并回答问题

已知条件如下图所示,试完成下列各项内容。

①标出最高的山头(符号:"△")。

②标出最陡处(符号:"陡")。

③标出鞍部(符号:"0")。

④标出一条山脊线(线型:点划线)。

⑤标出一条山谷线(线型:虚线)。

⑥A,B 两点间能否通视?为什么?

⑦A,B 两点间水平距离为多少?

⑧A 点到 B 点的高差为多少?

⑨A,B 两点间斜距为多少?

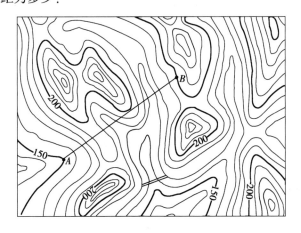

学评估

见本书附录1。

7 建筑施工测量

本章内容简介

建筑施工测量概述

施工测设的基本工作

建筑场地施工控制测量

民用建筑施工测量

高层建筑施工测量

工业建筑施工测量

线路工程测量

建筑物的变形观测

竣工总平面图的编绘

本章教学目标

了解建筑施工测量的内容、特点

了解建筑方格网布设和测设的方法

了解竣工总平面图的编绘方法

掌握建筑基线布设和测设方法

掌握施工场地高程控制测量的方法

掌握建筑物（或构筑物）的施工放样方法

掌握变形观测的一般方法

问 题引入

三峡库区将新建一所学校。前期你荣幸地承担了地形测量任务,经过近一个月辛勤地工作,测出了地形图。设计人员根据绘制的地形图设计出了这所漂亮的学校。学校坐落在长江边上,地势开阔,东面可俯视长江,南面可视高速公路,西面可俯视火车站,大门朝北。校内图书馆、实验楼、教学楼、运动场、食堂、宿舍等设施齐全。

现在这所学校工程建设的测量任务也落在了你的肩上,责任重大哦! 有哪些测量工作等待着你呢? 怎样去完成? 赶快来准备吧!

7.1 建筑施工测量概述

7.1.1 建筑施工测量的目的和主要内容

工程在施工阶段所进行的测量工作称为施工测量。施工测量贯穿于施工阶段的全过程。

1)施工测量的目的

把图纸上设计的建(构)筑物的平面位置和高程,按设计和施工要求标定到地面上(亦称放样),作为施工的依据,并在施工过程中进行一系列的测量工作,以控制和指导各阶段的施工。

2)施工测量的主要内容

①建立与工程相适应的施工控制网。

②建(构)筑物的放样及构件与设备安装的测量工作。

③检查和验收工作。

④变形观测工作。

阅 读理解

在整个建筑施工中,无论是准备工作、场地平整、建(构)筑物位置测设、基础施工、建筑物结构安装等,都需要标定轴线和标高。某些工程在施工过程中和一定的期间内需进行变形观测。为便于管理、维修和扩建,需编绘竣工图,而所有这些都离不开施工测量。

由于施工现场各种建(构)筑物布置灵活,分布面广,开工兴建时间不一,为保证建筑群中各单体建筑的平面位置和高程均符合要求,施工测量应遵循"从整体到局部,先控制后细部"的原则,在建筑场地上先建立统一的平面控制网和高程控制网,再根据控制点的点位来测设建筑物的轴线,然后根据轴线测设各个细部位置。

施工放样是整个施工过程的一个重要组成部分,它是建筑施工的依据。施工测量工作和工程质量、施工进度有着密切的联系。因此,它必须与施工组织计划相协调,在速度和精度方面满足施工需要。放样前,应进行严密的计算,根据工程性质、设计要求、客观条件等来制订恰当、可靠、可行的放样精度和放样方法,最终使建筑物竣工时的验收限差在规范容许范围以内。

施工测量的检核工作极其重要,为了使测设工作准确无误,必须加强外业和内业的检核工作,认真执行自检、互检制度。测设前应认真阅读图纸,检核好测量仪器工具;测设时须反复检查校核,核准测设数据,杜绝计算误差,严格按照设计尺寸放样标定到实地上,务求无误。

测设时,所有放样数据、放样过程和放样结果,均应完整地记录、汇总、保存,以作为工程竣工验收资料参考。

7.1.2 建筑施工测量的特点

①施工测量是工程施工的依据,它是每道工序的先导,对保证工程质量和施工进度都起着重要的作用,因此它必须与施工组织计划相协调。为了使测设点位准确无误,测设前测量人员必须充分了解设计的内容、性质及其对测量工作的精度要求,随时掌握工程进度及现场变动,使测设精度和速度满足施工需要。

②施工测量的精度主要取决于建(构)筑物的大小、性质、用途、材料、施工方法等因素。其精度分为两种:一是测设整个建筑物与周围原有建筑物,或与设计建筑物之间相对位置的精度;另一种是建筑物各部分对其主要轴线的测设精度。

③施工现场各工序交叉作业、材料堆放、运输频繁、场地变动及施工机械的影响,使测量标志容易被破坏,因此要对测量标志进行认真保护,同时还要注意测量人员及测量仪器的安全。从形式、选点到埋设均应考虑便于使用、保管和检查,如果发现测量标志被毁应及时恢复,保证测量工作顺利完成。

阅读理解

测设精度应根据工程性质、设计要求来确定。一般高层建筑物的测设精度应高于低层建筑物,钢结构厂房的测设精度应高于钢筋混凝土结构厂房,装配式建筑物的测设精度应高于非装配式建筑物。过高或过低的测设精度都是不恰当的。精度要求过高会使测设花费过多的人力、财力、物力和时间;精度过低会使工程质量过低,不合要求,造成返工浪费。

施工测量工作与工程质量及施工进度有着密切的联系。测量人员应根据工程实际、设计精度要求选择测量仪器并制订施测方案,使施工测量工作能够与施工进度、精度密切配合。以便更好地满足施工要求。

小组讨论

施工测量中应注意哪些问题?为什么要遵循"从整体到局部,先控制后细部"的作业原则?

练习作业

1. 什么是施工测量？施工测量的任务是什么？
2. 建筑施工测量的主要内容有哪些？

7.2 施工测设的基本工作

施工测设的基本工作是测设点的平面位置和高程。测设点的平面位置通常由测设水平角度和水平距离两项工作来确定。

7.2.1 基本要素的测设

1)测设水平角

已知：角的一边及角顶点的地面位置和水平角的设计值。

目的：标定出水平角另一边的方向。

仪器：经纬仪或全站仪。

如图7.1所示，*OA* 为已知方向，要在 *O* 点测设的角为设计的水平角，设为 30°20′10″。

步骤：在 *O* 点安置仪器，盘左以 *OA* 边为起始方

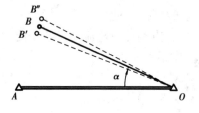

图7.1 测设水平角

向（设置水平度盘读数为0°00′00″），顺转仪器照准部使水平度盘读数为30°20′10″，在视线方向上做标记得 *B*′点。为了消除仪器误差影响（视准轴不垂直横轴），再以盘右逆时针转仪器照准部使水平度盘读数为329°39′50″得 *B*″点。取 *B*′*B*″之中点得 *B* 点，则∠*AOB* 即为测设的水平角。

小组讨论

1. 如何检测测设到地面上的角是否等于30°20′10″？
2. 当测设到地面上的角只有30°20′00″时，如何标出更精确的 *B* 点位置？

2)测设水平距离

已知：线段的起点方向及设计水平距离。

目的：在地面上标定出线段的另一端点，使之水平距离为设计值，设为 30 m。

（1）用钢尺测设 已知地面上 A 点及 AB 方向,要求沿 AB 方向测设 AC 水平距离等于 30 m。测设方法如图 7.2 所示,步骤为:

①自 A 点沿 AB 方向拉钢尺量取水平距离 30 m 得 C 点。

②校核 AC 距离是否等于测设长度 30 m。

③根据差值改动 C 点位置,使 AC 水平长度等于 30 m。

图 7.2 测设水平距离

当水平长度测设精度要求较高时,测设的距离 D 应考虑尺长改正、温度改正和倾斜改正等,但改正数的符号与精密量距时相反,即实地测设时的长度 D' 应按下式求得:

$$D' = D - \Delta l_d - \Delta l_t - \Delta l_h$$

式中 $\Delta l_d, \Delta l_t, \Delta l_h$——尺长改正数、温度改正数、倾斜改正数。

（2）用测距仪器测设 其测设方法如图 7.2 所示,步骤为:

①在起点 A 安置测距仪。

②沿 AB 方向立反光棱镜,试测。

③当仪器测出的水平距离刚好为放样值 D 时,打桩并定出 C 点。A 点到 C 点的水平距离即为 D 值。

3）测设点的高程

目的:根据已有水准点的高程标定另一点的高程,使其值等于设计高程。

在建筑工程中,常需将点的设计高程测设到实地上,这就是要求在地面上打下木桩,使桩顶(或在桩侧面划一水平线代替桩顶) 高程等于点的设计高程。

已知:水准点 A 的高程为 H_A,要求在 B 点木桩上标出高程 H_B。

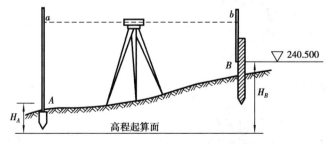

图 7.3 测设点的高程

其测设方法如图 7.3 所示,步骤为:

①将水准仪安置于 A,B 点中间。

②在 A 点上立水准尺,得后视读数 a。

③计算出前视读数 b:$b = H_A + a - H_B$。

④将水准尺紧贴木桩侧面上下移动,移动到尺上读数为 b 时,沿尺底在木桩侧面画一水平线,该线即为欲测设的高程 H_B 位置。

小组讨论

1. 如图 7.4 所示,A 点高程已知,若测设 P 点高程,而 P 点位于基坑深处,水准尺高度不够,请考虑该如何解决?

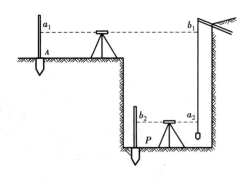

图 7.4　将高程测设到坑内

2. 由已知 A 点测设 B 点,A 点高程 $H_A = 8.321$,读数 $a = 1.210$,B 点设计高程为 $H_设 = 8.500$ m,则 B 尺上的读数为多少?

知识窗

在建筑设计和施工中,为了使用和计算方便,通常将建筑物首层室内地坪标高设为 ± 0.000(即 ± 0),而基础、梁柱、门窗及设备安装、吊车梁等的标高都是相对于室内地坪标高而言,即建筑物各部分的高程都相对于 ± 0 测设。

练习作业

施工测设的基本工作是什么?各项工作需使用哪些仪器?

7.2.2　测设点的平面位置

主要方法:直角坐标法、极坐标法、角度交会法和距离交会法。采用何种方法,要根据测设条件和现场环境确定,即根据施工控制网的形式、控制点的分布、测设的精度要求、施工现场条件、仪器工具配备等确定。

仪器:可选用全站仪或经纬仪。

1)直角坐标法

适用场合:施工场地布设有建筑基线或建筑方格网。

放样数据:坐标增量$(\Delta x, \Delta y)$。

放样步骤(如图7.5所示):

①算a点相对于基线点Ⅰ的坐标增量$(\Delta x, \Delta y)$。

②在Ⅰ点安置仪器,瞄Ⅱ,沿Ⅰ、Ⅱ方向测设Δy,得P点。

③在P点安置仪器,瞄Ⅱ,逆转90°,得Pa方向线,沿此方向线测没Δx,即得放样点a点的平面位置。

此法以基线为基准,通过作垂线量距离得测设点的平面位置。

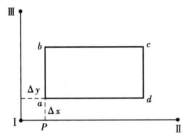
图7.5　直角坐标法测设点的平面位置

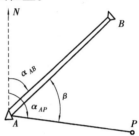
图7.6　极坐标法测设点的平面位置

2)极坐标法

适用场合:施工场地布设有至少两个控制点。

放样数据:水平角及水平距离(β, D)。

放样步骤(图7.6):

①算放样数据(β, D)。

②在A点安置仪器,测设出β角得AP方向线。

③沿AP方向线测设水平距离D,即得测设点P。

此法是以控制点为依据,通过测设水平角及水平距离而测设出点的平面位置。

用全站仪测设时,启动设置测站、定向、放样等内置测量程序即可完成。

观看用全站仪采用极坐标法放样点位置的过程。

使用全站仪
放样

3)角度交会法

适用场合:施工场地至少有两个控制点。放样点距控制点较远,无法量距或量距困难的情况。

放样数据:两个水平夹角(β_1, β_2)。

放样步骤(如图7.7所示):

①算放样数据 β_1,β_2。

②将仪器分别安置在 A,B 两已知点上,测设水平角 β_1,β_2,方向线 AP,BP 的交点即为测设点 P。

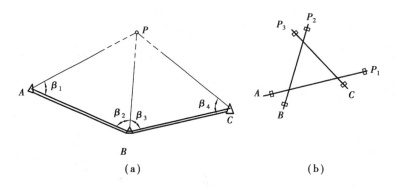

图7.7 角度交会法测设点的平面位置

看视频

观看采用角度交会法放样点位置的过程。

角度交会法
放样

识窗

为了提高精度校核,通常用3个已知点,从3个方向交会于 P 点,如图7.7(a)所示。由于误差的影响,3个方向往往不交于一点,形成一个示误三角形,如图7.7(b)所示,当示误三角形的内切圆半径在允许范围内时,取其内切圆心作为 P 点位置。

角度交会法测设常用于桥梁、码头、水利等工程中。

观察思考

在 $30°,60°,90°,120°$ 角中,最佳的交会角 $\angle P$ 是多少?交会角 $\angle P$ 太小或太大有什么不好?

4)距离交会法

(1)适用场合 平坦场地,并且待定点 P 距已知点 A,B 不超过一整尺段,无测距仪器时采用。此方法可以不用仪器,精度较低。

（2）由两段水平距离测设点的平面位置　如图7.8
所示,其步骤为:

①计算测设数据:水平距离 S_1,S_2。

②分别以 A 点、B 点为圆心,以 S_1,S_2 为半径在地面
上画弧,交点即为 P 点的位置。

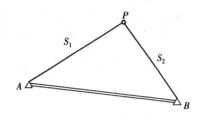

图7.8　距离交会法测设点的平面位置

观察思考

测设点的平面位置,请考虑以下问题:

测设依据:建筑基线、建筑方格网、控制点。如何选用测设依据?

测设方法:直角坐标法、极坐标法、角度交会法、距离交会法。如何选用测设方法?

$$\text{测设数据}\begin{cases}\text{直角坐标法:}(\Delta X,\Delta Y)\\ \text{极坐标法:}(\alpha,D)\\ \text{角度交会法:}(\beta_1,\beta_2)\\ \text{距离交会法:}(S_1,S_2)\end{cases}\text{,如何计算测设数据?}$$

练习作业

测设点的平面位置的方法有哪些? 它们各适用于什么场合? 如何计算测设数据?

7.2.3　圆曲线的测设

圆曲线又称单曲线,是指具有一定半径的圆弧线。圆曲线的测设一般分两步进行:先测设
主点,即曲线的起点 ZY、中间点 QZ 和终点 YZ;然后在主点之间按规定桩距进行加密,测设曲
线的其他各点,称为曲线的详细测设,其具体方法在后面的线路测量中详细介绍。

7.2.4　坡度线的测设

目的:在地面上定一条直线,其坡度等于已给定的坡度。坡度线测设广泛应用于道路工
程、排水管道和地下工程等的施工中。

如图7.9所示, A 点的设计高程为 H_A, A, B
点的水平距离为 D。从 A 点沿 AB 方向测设一
条坡度为 $i_{设计}$ 的直线。

由 H_A,D,$i_{设计}$,计算 B 点的设计高程: $H_B = H_A + i_{设计}D$。

按测设已知高程的方法,把 B 点的高程测设
到木桩上,则 AB 连线即为设计坡度线。当坡度
不大时,可在 A 点安置水准仪,使一个脚螺旋在

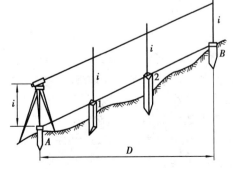

图7.9　已知坡度的直线测设

AB 方向线上,另两个脚螺旋的连线大致与 AB 线垂直,量取仪器高 i,用望远镜照准 B 点的水准尺,旋转在 AB 方向上的脚螺旋,使 B 点桩上水准尺上的读数等于 i,此时仪器的视线即与测设坡度线平行。在 AB 中间各点打上木桩,并在桩上立尺使读数皆为 i,这样各桩桩顶均在测设的坡度线上。当坡度较大时,可用经纬仪定出各点。

观察思考

观察图 7.10,思考下列问题:

1. 测设坡度线的关键是什么?

2. 能否用下列方法提供出与设计坡度平行的视线?

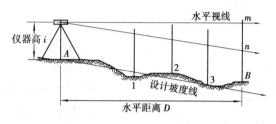

图 7.10　坡度线的测设

在 A 点安置仪器,在 B 点立水准尺。

方法 1:先测设出 B 点设计高程,再使中丝对准仪器高 i;

方法 2:视线与设计坡度线平行时,算出水准尺上的应读数为 n,使中丝对准 n;

方法 3:算出与设计坡度对应的天顶距为 Z,使视线的天顶距与之对应(用经纬仪)。

3. 图 7.10 中,1,2,3,B 点是否位于设计坡度线上?是挖?是填?还是不挖不填?

4. 当 A 点高于或低于设计高程时,怎么办?

7.3　建筑场地施工控制测量

施工测量必须遵循"从整体到局部,先控制后细部"的测量工作组织原则。在建筑场地逐级建立平面控制网和高程控制网,再根据控制网测设建筑物的轴线,由所定出的轴线测设建筑物的基础、墙、柱、梁、屋面等细部。

7.3.1　施工控制网的分类和特点

施工控制网分为平面控制网与高程控制网。

1)建立施工控制网的原因

①勘测设计阶段所建立的测图控制网,是为测图建立的,未考虑施工的需要,控制点的分布、密度和精度,都难以满足施工测量的要求。

②在平整场地时,大多控制点已被破坏。

2)施工控制网的特点

①控制点的密度大,精度要求较高,使用频繁,受施工的干扰多,这就要求控制点的位置应分布恰当和稳定,使用起来方便,并能在施工期间保持桩点不被破坏。因此,控制点的选择、测定及桩点的保护等工作,应与施工方案、现场布置统一考虑确定。

②在施工控制测量中,局部控制网的精度往往比整体控制网的精度高。大范围的整体控制网只是给局部控制网传递一个起始点坐标和起始方位角,因此,也就没有必要将整体控制网都建成与局部同样高的精度。

7.3.2 建筑场地施工平面控制测量

1)施工平面控制网的形式

施工平面控制网有三角网、导线网、建筑基线或建筑方格网等。选择何种平面控制网,应根据建筑总平面图、建筑场地的大小、地形、施工方案等因素进行综合考虑。

(1)三角网 三角网适用于地势起伏较大,通视条件较好的施工场地。

(2)导线网 导线网适用于地势平坦,通视比较困难的施工场地。

(3)建筑基线 建筑基线适用于地势平坦、建筑物简单规则的小型施工场地。

(4)建筑方格网 建筑方格网适用于建筑物多为矩形且布置比较规则和密集的施工场地。

2)施工坐标系与测量坐标系的坐标换算

设计和施工部门,为了工作方便,常采用一种独立坐标系统,称为施工坐标系(或建筑坐标系)。施工坐标系与测量坐标系往往不一致,因此,施工测量前常常需要进行施工坐标系与测量坐标系的坐标换算。

如图 7.11 所示:XOY 为测量坐标系;$X'O'Y'$ 为施工坐标系;X_O,Y_O 为施工坐标系的原点 O' 在测量坐标系中的坐标;α 为施工坐标系的纵轴 $O'X'$ 在测量坐标系中的坐标方位角。

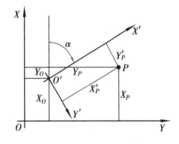

设已知 P 点的施工坐标为 (X'_P,Y'_P),则可按式 (7.1)换算成 P 点的测量坐标 (X_P,Y_P):

$$\begin{cases} X_P = X_O + X'_P \cos \alpha - Y'_P \sin \alpha \\ Y_P = Y_O + X'_P \sin \alpha + Y'_P \cos \alpha \end{cases} \quad (7.1)$$

图 7.11 施工坐标系与测量坐标系的换算

若已知 P 的测量坐标,则可按式(7.2)换算为 P 点的施工坐标:

$$\begin{cases} X'_P = (X_P - X_O) \cos \alpha + (Y_P - Y_O) \sin \alpha \\ Y'_P = -(X_P - X_O) \sin \alpha + (Y_P - Y_O) \cos \alpha \end{cases} \quad (7.2)$$

3)建筑基线

建筑基线是建筑场地施工控制的基准线。建筑基线常用于面积较小、地势较为平坦而狭长的建筑场地。

(1)建筑基线的形式 如图 7.12 所示,3 点——"一"字形;3 点——"L"形;4 点——"T"形;5 点——"十"字形。

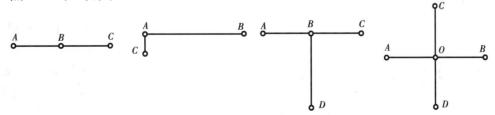

图 7.12 建筑基线的布设形式

（2）建筑基线的布设要求

①尽量靠近主要建筑物，并与其主要轴线平行或垂直。

②应不少于 3 个点，以便检核。

③尽量与建筑红线相联系。

④基线点应选在通视良好和不易被破坏的地方，以便保存。

（3）建筑基线的测设方法

方法 1：建筑红线测设建筑基线。

城市测绘部门测定的建筑用地界定基准线，称为建筑红线。在城市建设区，建筑红线可用作建筑基线测设的依据。

如图 7.13 所示，AB，AC 为建筑红线，利用建筑红线测设建筑基线的步骤如下：

①从 A 点沿 AB 方向量取 d_2 定出 P 点，沿 AC 方向量取 d_1 定出 Q 点。

②过 B 点作 AB 的垂线，沿垂线量取 d_1 定出 2 点。

③过 C 点作 AC 的垂线，沿垂线量取 d_2 定出 3 点。

④用细线拉出直线 $P3$ 和 $Q2$，两条直线的交点即为 1 点。3 点、1 点、2 点的连线即为测设的建筑基线。

⑤在 1 点安置经纬仪，精确观测 $\angle 213$，其与 $90°$ 的差值应小于 $\pm 20''$。

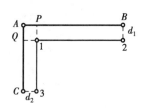

图 7.13　根据建筑红线测设建筑基线

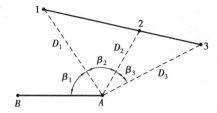

图 7.14　根据控制点测设建筑基线

方法 2：已知控制点测设建筑基线。

已知：控制点坐标、地面位置以及建筑基线点的设计坐标。

用极坐标法测设建筑基线。如图 7.14 所示，A，B 为附近已知控制点，1，2，3 为选定的建筑基线点。测设步骤如下：

①计算放样数据：根据已知控制点及建筑基线点的坐标，算出放样数据 β_1，D_1，β_2，D_2，β_3，D_3。

②用极坐标法测设 1，2，3 点。1，2，3 点的连线即为测设的建筑基线。

③在 2 点安置经纬仪，精确观测 $\angle 123$，其与 $180°$ 的差值应小于 $\pm 15''$，检测距离，距离误差应小于 $\dfrac{1}{10\ 000}$。

4）建筑方格网

由正方形或矩形组成的施工平面控制网称为建筑方格网，或称矩形网，如图 7.15 所示。建筑方格网适用于控制按矩形布置的建筑群或规则的大型建筑。

建筑方格网布设原则：根据总平面图上各建（构）筑物、道

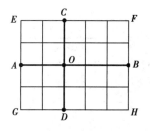

图 7.15　建筑方格网

路及各种管线的布置,结合现场的地形条件确定。

建筑方格网的测设程序:测设主轴线——测设方格网点。

(1)测设主轴线 图7.15中,主轴线 AOB 和 COD 由 5 个主点 A,B,C,D,O 组成,主轴线 AOB 和 COD 的测设与建筑基线测设方法相似。

①测设出主点 A,B,C,D,O。

②精确检测主点 A,B,C,D,O 间的相对位置是否满足精度要求,若精度合格,则调整主点位置,即得主轴线,否则要重新测设。

(2)测设方格网点

①分别在主点 A,B 和 C,D 安置经纬仪,后视主点 O,向左右测设90°水平角,即可交会出田字形方格网点 G,H,F,E(如图7.15所示)。

②检核:测量相邻两点间的距离与设计值比较,测量其角度是否为90°,若误差在允许范围内,则合格,并埋永久性标志。

其他网格点,可在此基础上加密。

观察思考

若在施工场地布设建筑方格网,如何测设方格网点位置?

7.3.3 施工场地的高程控制测量

1)施工场地高程控制网

施工场地高程控制网分为两级:首级网、加密网。首级网由基本水准点构成;加密网由施工水准点构成。

首级网精度高,由首级网加密得到加密网。建筑基线点、建筑方格网点及导线点可兼作高程控制点。建筑施工场地的高程控制测量,常用水准测量。

2)基本水准点

基本水准点应布设在施工影响区以外,土质坚硬、不受震动处,埋设永久性标志,由附近的国家级水准点引测其高程。

3)施工水准点

施工水准点直接用于测设建筑物高程,应靠近建筑物,由基本水准点引测。设计建筑物时常以底层室内地坪高程作为高程起算面设为 ±0.000。为了引测方便,常在建筑物内部或附近测设 ±0.000 水准点。 ±0.000 水准点的位置,一般选在稳定的建筑物墙、柱的侧面,用红漆绘成"▼"形,顶端表示 ±0.000 位置。

练习作业

1. 进行施工控制测量时,为什么要建立施工控制网?

2. 施工控制测量的平面控制测量有哪些方法?如何选用?

7.4 民用建筑施工测量

民用建筑按使用功能可分为住宅、办公楼、食堂、俱乐部、医院和学校等。按楼层多少可分为单层、低层(2或3层)、多层(4~8层)和高层几种。对于不同的类型,其测设方法和测设精度要求都有所不同。下面以多层民用建筑为例,讲述施工测量的主要内容与方法。

7.4.1 施工测量前的准备工作

1)熟悉设计图纸

熟悉图纸的目的,主要是了解拟建建筑物与相邻地物的相互关系、建筑物的尺寸及施工要求,并核对各设计图纸的有关尺寸。

(1)总平面图 如图7.16所示,从建筑总平面图上,可以查找设计建筑物与原有建筑物的平面位置和高程的关系,它是测设建筑物总体位置的依据。

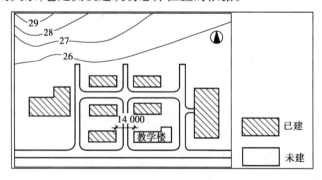

图7.16 总平面图

(2)建筑平面图 如图7.17所示,从建筑平面图上可查取建筑物的总体尺寸、内部各定位轴线之间的关系尺寸,它是施工测设的基本资料。

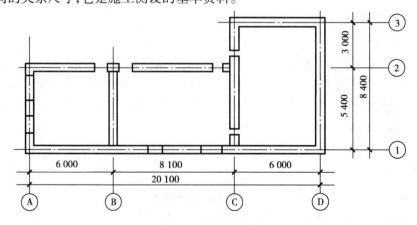

图7.17 建筑平面图

（3）基础平面图　如图 7.18 所示,从基础平面图上可查取基础边线与定位轴线的平面尺寸,以测设基础轴线。

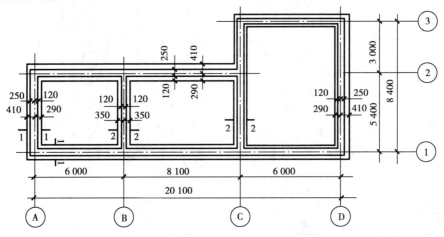

图 7.18　基础平面图

（4）基础详图　如图 7.19 所示,从基础详图上可查取基础立面尺寸和设计标高,以测设基础高程。

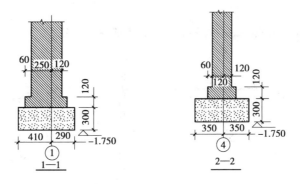

图 7.19　建筑基础详图

（5）建筑物的立面图和剖面图　如图 7.20、图 7.21 所示,从建筑物的立面图和剖面图上可查取基础、地坪、门窗、楼板、屋架和屋面等设计高程,这是高程测设的主要依据。

从图 7.20 立面图上可知建筑物的高度。该图的左侧和右侧都注有标高,从左侧标高可知室外地面标高为 -1.200,室内标高为 ± 0.000,室内外高差为 1.2 m;1 层客厅窗台标高为 0.300,窗顶标高为 2.700,表示窗洞高度为 2.4 m;2 层客厅窗台标高为 3.300,窗顶标高为 5.700,表示 2 层的窗洞高度为 2.4 m,其他层可以此类推。从右侧标高可知地下室窗台标高为 -0.700,窗顶标高为 -0.300,则地下室窗高 0.4 m,1 层卧室窗台标高为 0.900,窗顶标高为 2.700,则卧室窗高 1.8 m,其他层可以此类推。屋顶标高 18.5 m,表示该建筑的总高为 18.5 m + 1.2 m = 19.7 m。

建筑剖面图用以表示建筑内部的结构构造,垂直方向的分层情况,各层楼地面、屋顶的构造及相关尺寸、标高等。

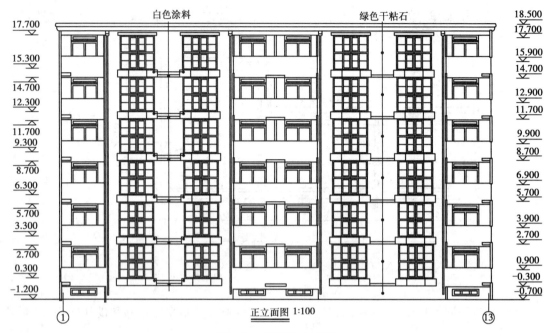

图 7.20　建筑物立面图

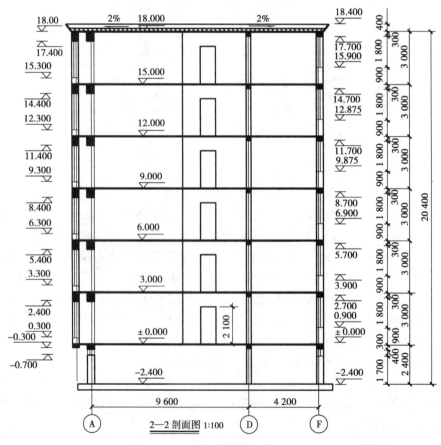

图 7.21　建筑物剖面图

2)现场踏勘

全面了解现场情况,对平面控制点和水准点进行检核。

3)施工场地整理

平整和清理施工场地,以便测设。

4)制订测设方案

根据设计要求、定位条件、现场地形和施工方案等,制订测设方案,包括测设方法、测设数据计算和绘制测设略图。例如,按图7.16的设计要求,拟建的教学楼与现有宿舍楼平行,二者南墙面平齐,相邻墙面相距14.000 m。因此,可根据现有建筑物进行测设。

5)数据准备

数据准备包括测设、绘图所需的有关数据。

从图7.22看出,由于拟建房屋的外墙面距定位轴线0.25 m,故在测设略图中将定位尺寸14.000 m和 l m分别加0.25 m(即14.25 m和 $l+0.25$ m)并注于图上。

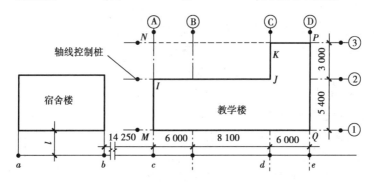

图7.22　测设略图

6)仪器和工具

全站仪、经纬仪、水准仪、水准尺、钢尺、皮尺等,并对仪器及工具进行检校,使之满足精度要求。

7.4.2 建筑物的定位测量

1)建筑物的定位——确定建筑物外廓各轴线交点(角桩)

根据测设略图(如图7.22所示)和现有建筑物,首先测设一条简易建筑基线,然后用直角坐标法将房屋轴线交点标定在地上。具体做法如下:

①沿宿舍楼的东、西墙,向南延长出一小段距离 l,得到 a, b 两点。

②在 a 点安置经纬仪瞄 b 点,沿 ab 方向,从 b 点量取14.250 m(因为教学楼的外墙厚370 mm,轴线偏里,离外墙皮250 mm)得 c 点。再沿 ab 方向,从 c 点量取14.100 m,20.100 m,得 d 点、e 点,连 c 点、d 点、e 点,得到教学楼平面位置的建筑基线 cde。

③在 c, d, e 点分别安置经纬仪,后视 a 点,并用正倒镜测设90°,沿此视线方向量取距离($l+0.250$ m)得 M, Q 两点,从 c, d 两点沿此视线方向再量取距离($l+5.400$ m)得 I, J 两点,从

d,e 两点沿此视线方向再量取距离 $(l+8.400 \text{ m})$ 得 K,P 两点。M,I,J,K,P 和 Q 6点即为教学楼外廊定位轴线的交点。在交点处打下木桩,桩顶钉小钉以表示点位。

④用钢尺检测各轴线交点的距离,其值与设计值的相对误差不应超过 1/2 000,如果建筑物规模较大,则不应超过 1/5 000。将经纬仪分别安置在 M,N,P,Q 4个角点,检测各个直角,其角值与 90°之差不应超过 ±40″。

2)建筑物的放线——确定建筑物各轴线的交点(中心桩)

(1)在外墙轴线上测设中心桩　如图 7.22 所示,在 M,I 点分别安置经纬仪,分别瞄准 Q,J 点,用钢尺沿 MQ 和 IJ 方向量出相邻两轴线间的距离,可得建筑物其他各轴线的交点。量距精度应达到要求,测设建筑物其他各轴线交点时,为避免误差积累,钢尺零点应始终对准同一起点。

观察思考

测设中心桩,钢尺零点为什么要始终对准同一起点?

(2)恢复轴线位置　开挖基槽时,角桩和中心桩要被挖掉,为了便于在施工中恢复各轴线位置,应将各轴线延长到基槽外安全地点,常设置轴线控制桩或龙门板。

①设置轴线控制桩:如图 7.22 所示,在基础轴线的延长线上,基槽外 2~4 m 处打木桩,桩顶钉小钉,准确标出轴线位置,并用混凝土包裹木桩,如图 7.23 所示。如附近有建筑物,亦可把轴线投测到建筑物上,用红漆做出标志,以代替轴线控制桩。

②设置龙门板:小型民用建筑施工,常将各轴线引测到基槽外的水平木板上。水平木板称为龙门板,固定龙门板的木桩称为龙门桩,如图 7.24 所示。设置龙门板的步骤如下:

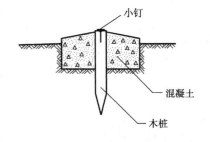

图 7.23　轴线控制桩

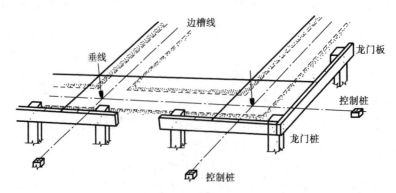

图 7.24　龙门板

a. 将龙门桩设置在建筑物四角与隔墙两端,位于基槽开挖边界线以外 1.5~2 m 处,外侧面应与基槽平行。

b. 在每个龙门桩外侧测设出 ±0.000 m 标高线。

c.龙门板顶面高程应位于 ±0.000 m 的水平面上,允许误差为 ±5 mm。

d.将轴线投测到龙门板上,钉上小钉(称为轴线钉)。轴线钉的定位误差应小于 ±5 mm。

e.用钢尺沿龙门板的顶面,检查轴线钉的间距,其误差不超过 1/2 000。检查合格后,以轴线钉为准,将墙边线、基础边线、基础开挖边线等标定在龙门板上。

7.4.3 基础施工测量

1)基础开挖线的确定

基础开挖之前,先按基础剖面图的设计尺寸,计算基槽口的 1/2 开挖宽度 d,然后根据所放基础轴线在地面上放出开挖边线,并撒白灰,如图 7.25 所示。1/2 开挖宽度按下式计算:

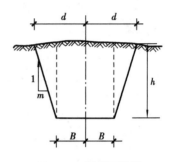

$$d = B + mh \qquad (7.3)$$

式中　B——1/2 基础底宽,可由基础剖面图查取;

　　　h——挖土深度;

　　　m——挖土边坡的分母。

图 7.25　基础开挖线

2)基槽抄平

建筑施工中的高程测设,又称抄平,如图 7.26 所示。

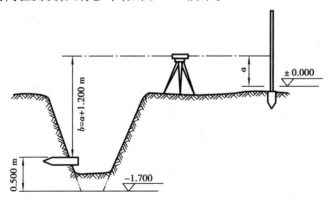

图 7.26　设置水平桩

(1)设置水平桩　为了控制基槽的开挖深度,在基槽开挖接近槽底设计标高时,用水准仪按高程测设方法,根据地面上 ±0.000 m 点,在槽壁上每隔 3～5 m 及转角处测设腰桩(亦称水平桩),如图 7.26 所示,使木桩的上表面离槽底为整分米数(如 0.300～0.500 m)。水平桩将作为挖槽深度、修平槽底和打基础垫层的依据。

(2)水平桩的测设方法　如图 7.26 所示,槽底设计标高为 -1.700 m,欲测设比槽底设计标高高 0.500 m 的水平桩,测设步骤如下:

①在地面适当地方安置水准仪,在 ±0.000 标高线位置上立水准尺,读取后视读数 a(设 $a = 1.318$ m)。

②计算测设水平桩的应读数 $b_{应} = 1.318$ m $-$ $(-1.700$ m $+ 0.500$ m$) = 2.518$ m

153

③在槽内一侧立水准尺,并上下慢慢移动,直至水准仪视线刚好对准读数 2.518 m,沿水准尺尺底在槽壁打入一小木桩,使小木桩的顶面与水准尺底面齐平。

3)垫层中线的投测

基础垫层打好后,根据轴线控制桩或龙门板上的轴线钉,用经纬仪或拉线绳挂锤球的方法,把轴线投测到垫层上,并用墨线弹出墙中心线和基础边线,作为砌筑基础的依据,如图 7.27 所示。

注意:由于整个墙身的砌筑均以投测在垫层上的轴线为准,所以垫层中线的投测,是确定建筑物位置的关键环节,要严格校核后方可进行砌筑施工。

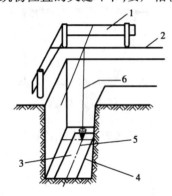

图 7.27　垫层中线的投测

1—龙门板;2—细线;3—垫层;

4—基础边线;5—墙中线;6—垂线

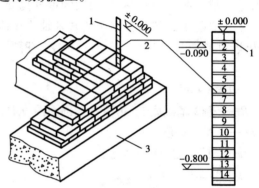

图 7.28　基础墙标高的控制

1—防潮层;2—基础皮数杆;3—垫层

4)基础墙标高的控制

房屋基础墙是指 ±0.000 m 以下的砖墙,它的高度常用皮数杆来控制。

(1)皮数杆　皮数杆是一根木制的杆子,如图 7.28 所示,在杆上事先按设计尺寸,将砖、灰缝厚度画出线条,并标明 ±0.000 m 和防潮层的标高位置。

(2)皮数杆的立法　先在立杆处打一木桩,用水准仪在木桩侧面定出一条高于垫层某一数值(如 100 mm)的水平线,然后将皮数杆上标高相同的一条线与木桩上的水平线对齐,并把皮数杆与木桩钉在一起,作为基础墙的标高依据。

5)基础面标高的检查

基础施工结束后,应检查基础面的标高是否符合设计要求。其方法是用水准仪测出基础面上若干点的高程,并与设计高程比较,允许误差为 ±10 mm。

7.4.4　墙体施工测量

1)墙体定位

其步骤为:

①利用轴线控制桩或龙门板上的轴线和墙边线标志,用经纬仪或拉线绳挂锤球的方法,将轴线投测到基础面或防潮层上。

②用墨线弹出墙中线和墙边线。

③检查外墙轴线交角是否等于90°。

④把墙轴线延伸并画在外墙基础上(图 7.29),作为向上投测轴线的依据。

⑤把门、窗和其他洞口的边线,也在外墙基础上标定出来。

2)墙体各部位标高控制

在墙体施工中,墙身各部位标高通常也是用皮数杆控制的。

①将砖、灰缝的厚度,±0.000 m,门、窗、楼板等的标高标注在墙体皮数杆上,如图 7.30 所示。

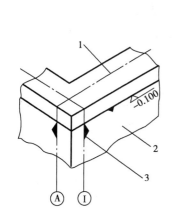

图 7.29 墙体定位

1—墙中心线;2—外墙基础;3—轴线

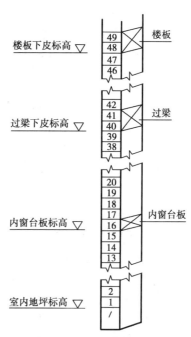

图 7.30 墙体皮数杆的设置

②墙体皮数杆的设立。高度位置:皮数杆上的 ±0.000 m 标高线与房屋的室内地坪标高齐平;平面位置:在墙的转角处每隔 10 ~ 15 m 设置 1 根皮数杆。

③在室内墙身上定出 +0.500 m(或 1.000 m)的标高线(墙身砌起一定高度后),作为该层地面施工和室内装修的依据。

④第 2 层以上墙体施工时,测出每层楼板四角的标高,取四角标高的平均值作为立皮数杆的基点。

框架结构的民用建筑的墙体砌筑是在框架施工后进行的,故可在柱面上画线代替皮数杆。

7.4.5 楼层轴线投设

投设轴线的最简便方法是吊线垂法,将垂球悬吊在楼板或柱顶边缘,当垂球尖对准基础上的定位轴线时,线在楼板或柱边缘的位置即为楼层轴线端点位置,画短线作标志,同样投设轴线另一端点,两端点的连接线即为定位轴线。同法投设其他轴线,经检查其间距后即可继续施工。当有风或建筑物层数较多,使垂球投线的误差过大时,可用经纬仪投线。

经纬仪投设轴线的方法:安置经纬仪于轴线控制桩或引桩上,如图 7.31 所示。仪器严格整平后,用望远镜盘左位置照准墙脚上标志轴线,固定照准部,然后抬高望远镜,照准楼板或柱顶,根据视线在其边缘标记一点,再用望远镜盘右位置,同样在高处再标定一点,如果两点不重合,取其中点,即为定位轴线的端点,同法再投设轴线另一端点,根据两端点弹上墨线,即为楼层的定位轴线。根据此定位轴线吊装该层框架结构的柱子时,可同时用 2 台经纬仪校正柱子的垂直度,如图 7.31 所示。

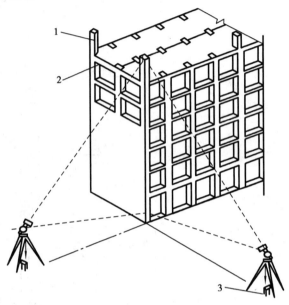

图 7.31 楼层轴线投设
1—柱;2—梁;3—控制桩

练习作业

1. 民用建筑施工测量的主要内容是什么?
2. 基础施工测量中,垫层中线的投测为什么是确定建筑物位置的关键环节?

▨7.5 高层建筑施工测量▨

随着现代城市的发展,高层建筑日益增多。高层建筑由于层数较多、高度较高、施工场地狭窄,且多采用框架结构、滑模施工工艺和先进施工机械,故在施工过程中,对垂直度偏差、轴线尺寸偏差必须严格控制,测量仪器的选用和观测方案的确定也都有一定的要求。本节重点介绍高层建筑轴线测设和高程传递控制技术。

高层建筑物一般采用框架结构,其轴线尺寸的测设精度要求高,为了控制轴线尺寸偏差,其基础及基础定位轴线测设采用工业厂房控制网和柱列轴线的测设方法进行。

7.5.1 高程传递

高层建筑物高程传递的方法有以下几种：

（1）利用皮数杆传递高程 一般建筑物可用墙体皮数杆传递高程，具体方法参照前述"墙体各部位标高控制"。

（2）利用钢尺直接丈量 高程传递精度要求较高的建筑物，通常用钢尺直接丈量来传递高程。对于2层以上的各层，每砌高一层，就从楼梯间用钢尺从下层的 +0.500 m 标高线向上量出层高，定出上一层的 +0.500 m 标高线，并用钢尺逐层向上引测。

（3）吊钢尺法 用悬挂钢尺代替水准尺，用水准仪读数，从下向上传递高程。

7.5.2 高层建筑垂直度观测

高层建筑垂直度观测的任务是将建筑物的基础轴线引测到各楼层面上，以保证各层轴线位于同一竖直面内，从而控制竖向偏差。

1）限差要求

①竖向误差在本层内不超过 5 mm。

②全楼累计误差值不应超过 $2H/10\ 000$（H 为建筑物总高度），且 30 m $< H \leqslant$ 60 m 时，不超过 10 mm；60 m $< H \leqslant$ 90 m 时，不超过 15 mm；90 m $< H$ 时，不超过 20 mm。

2）高层建筑物轴线的竖向投测方法

（1）外控法 外控法是在建筑物外部建立轴线控制桩（点），利用经纬仪，根据建筑物轴线控制桩来进行轴线的竖向投测。具体操作方法如下：

①建立轴线控制桩（点）：在建筑物外部，地质条件好和通视条件好的地方，埋设轴线控制桩（点）。如图 7.32 中 A_1，A_1'，B_1 和 B_1' 4 点。

②将主轴线投测到建筑物底部：经纬仪安置在轴线控制桩 A_1，A_1'，B_1 和 B_1' 上，把建筑物主轴线精确地投测到建筑物的底部，并设立标志。如图 7.32 中的 a_1，a_1'，b_1 和 b_1' 4 点。

③向上投测到主轴线：随着测量点不断升高，要将轴线逐层向上传递。方法：经纬仪安置在轴线控制桩 A_1，A_1'，B_1 和 B_1' 上，严格整平仪器，瞄准建筑物底部已标注的 a_1，a_1'，b_1 和 b_1' 点，向上投测到每层楼板上，盘左和盘右测量，并取其中点作为该层主轴线的投影点，如图 7.32 中的 a_2，a_2'，b_2 和 b_2'。

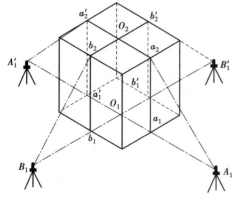

图 7.32 经纬仪投测主轴线

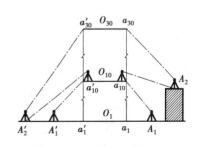

图 7.33 经纬仪引桩的投测

④增设轴线引桩：当测量点逐渐增高，而轴线控制桩距建筑物又较近时，望远镜的仰角较大，操作不便，投测精度也会降低。为此，要将原主轴线控制桩引测到更远的地方，或者附近大楼的屋面，如图7.33所示。方法：将经纬仪安置在已经投测上去的较高层（如第10层）楼面轴线 $a_{10}a'_{10}$ 上，瞄准地面上原有的轴线控制桩 A_1 和 A'_1 点，用盘左、盘右分中投点法，将轴线延长到远处 A_2 和 A'_2 点，并标定其位置，A_2，A'_2 即为新投测的 $A_1A'_1$ 轴线控制桩。

对于更高层的中心轴线，可将经纬仪安置在新的引桩上，按上述方法继续进行投测。

（2）内控法　在建筑物内（例如 ±0.000 楼层平面）设置轴线控制点，并预埋标志，各层楼板相应位置上预留200 mm×200 mm的传递孔，在轴线控制点上直接采用吊线锤法或激光铅垂仪法，通过预留孔将其点位垂直投测到任一楼层。高层建筑较多采用此方法。

①内控法轴线控制点（内控点）的设置：基础施工完毕后，在 ±0.000 楼层平面上的适当位置，设置与轴线平行的辅助轴线。辅助轴线距轴线500～1 000 mm为宜，并在辅助轴线交点或端点（内控点）处埋设标志。图7.34中1点、2点、3点和4点均为内控点。

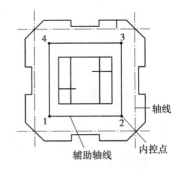

图7.34　内控点的设置

②吊线锤法：吊线锤法是利用钢丝悬挂重锤球的方法，进行轴线竖向投测。这种方法一般用于高度50～100 m的高层建筑。锤球的质量为10～20 kg，钢丝的直径为0.5～0.8 mm。投测方法如图7.35所示，在预留孔上面安置十字架，挂上锤球，对准首层预埋标志（内控点）。当锤球线静止时，固定十字架，并在预留孔四周做出标记，作为以后恢复轴线及放样的依据。此时，十字架中心即为轴线控制点在该楼面上的投测点。

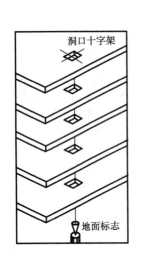

图7.35　吊线锤法投测轴线

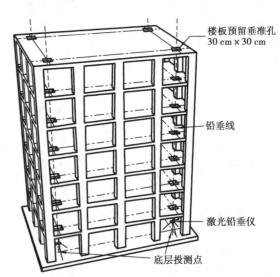

图7.36　激光铅垂仪法

③激光铅垂仪法：激光铅垂仪是一种专用的铅直定位仪器，适用于高层建筑物、烟囱及高塔架的垂直度测量。如图7.36所示，量测方法如下：

a. 在首层轴线控制点（内控点）上安置激光铅垂仪，利用激光器底端（全反射棱镜端）所发射的激光束进行对中，通过调节基座整平螺旋，使管水准器气泡严格居中。

b. 在上层施工楼面预留孔处,放置接收靶。

c. 接通激光电源,激光器发射铅直激光束,通过发射望远镜调焦,使激光束会聚成红色耀目光斑,投射到接收靶上。

d. 移动接收靶,使靶心与红色光斑重合,固定接收靶,并在预留孔四周做出标记,此时,靶心位置即为轴线控制点在该楼面上的投测点。

④转换层:高层建筑采用内控法进行轴线的传递和垂直度的控制,当有风或建筑物层数较多时,会使垂球投线的误差过大;当用激光铅垂仪投线时,随着楼层的增加,激光器发射铅直激光束随着距离的增长,会使激光束投射到接收靶上的光斑增大,从而使激光铅垂仪投线的误差过大。为了减小应用内控法进行轴线的传递误差,一般在3或4层楼保留轴线传递的投影点,并设立标志,加以固定、保存。设置了轴线点标志的楼层称转换层。转换层上的轴线点为高层建筑轴线传递的内控点。

练习作业

1. 高层建筑施工测量中,如何对高层建筑进行高程传递?
2. 对高层建筑进行垂直度观测时,有哪两种方法?如何选用?

7.6　线路工程测量

7.6.1　概述

线路是道路、渠道、管道及输电线路等的总称,在线路工程的勘测设计、施工和管理阶段所进行的测量工作统称为线路工程测量。线路工程测量的任务一是为线路工程设计提供地形图和断面图,二是进行线路工程施工测量。具体内容有:

①中线测量。根据规划设计的平面位置,将线路工程的中线,包括起点、转折点和终点标定于实地,并测定其转向角,设置里程桩,有的还要测设曲线。

②测量线路的纵横断面图,以了解其纵向及横向的地面起伏状况。

③测绘线路沿线一定宽度的带状地形图,供设计和施工用。

④根据施工要求,进行施工测量,为不同的施工阶段提供各种测量定位标志。

⑤测绘竣工图,供日后管理和维修用。

本节重点介绍中线测量、纵横断面图测量、道路施工测量。

7.6.2　中线测量

中线测量的任务:测设线路的起点、交点、终点和线路曲线;测定线路转向角;设置转点、里程桩。

1)测设线路的交点

线路平面曲线由直线、曲线(包含圆曲线与缓和曲线)组成。线路的转折点称为交点,用 JD 表示,它是测设线路直线和曲线的控制点。

交点的确定:对于一般低等级的公路,可以直接在现场标定;对于高等级公路或地形复杂地段,应先在初测的带状地形图上定线,再按下列方法将图上的线路测设到地面上。

(1)方法1　放点→穿线→交点。

准备工作:查资料,找出线路与导线间的角度和距离关系。

①测设点位(至少测设直线段上 3 个点,以便校核),其方法有支距法和极坐标法。

读理解

支距法和极坐标法测设点位

将设计图上线路直线段上的点标定到实地,以确定线路直线段的地面位置。图 7.37、图 7.38 中:

1,2,3,4,5,6——设计图中线路中线上的点(地面点位待定);

A,B,C,D,E——地面控制点(已知其坐标和地面位置)。

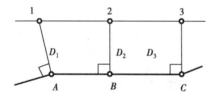 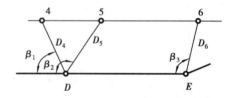

图 7.37　支距法放中线点　　　图 7.38　极坐标法放中线点

(1)支距法

①放样数据:支距 D_1,D_2,D_3,可在图上量取。

②操作:若放2点,可在 B 点安置经纬仪,瞄准 A 点,顺转90°,得 B2 方向,沿此方向量取水平距离 D_2,得 2 点的地面位置。同理可放出 1 点、3 点。

(2)极坐标法

①放样数据:极角 β,距离 D,可在图上量取。

②操作:若放 6 点,可在 E 点安置经纬仪,瞄准 D 点,顺转 β_3,得 E6 方向,沿此方向量取水平距离 D_6,得 6 点位置。同理可放出 4 点、5 点。

②穿线直线测设。如图 7.39 所示,由于图解数据及测设误差的影响,测设到地面上的1,2,3,4 点一般不在同一条直线上,当偏差在允许范围内时,可用目估或经纬仪穿线法,得到该直线 ZD$_1$、ZD$_2$ 的地面位置。

图 7.39 穿线

③定交点。延长相邻两直线相交得其交点,如图 7.40 所示。直线 ZD_1ZD_2 与 ZD_3ZD_4 测设到地面上后,延长两直线相交定出其交点 JD。操作:在 ZD_2 或 ZD_1 点安置仪器,用正倒镜分中法定出骑马桩 a 点、b 点,并用细线连接;在 ZD_3 或 ZD_4 点安置仪器,同样用正倒镜分中法与 ab 相交,定出交点 JD。

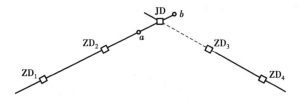

图 7.40 延长直线定交点

(2)方法 2 拨角放线法——直接放交点。

图 7.41 中:N_1,N_2,N_3,N_4,N_5,N_6 为导线控制点(已知地面位置及坐标);JD_1,JD_2,JD_3 为中线的交点(已知坐标,需要在地面上标定点的位置)。

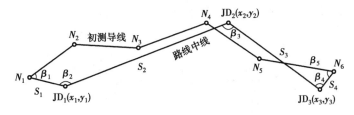

图 7.41 拨角放线(直接放交点)

步骤:

①查交点(JD_1,JD_2,JD_3)设计坐标。

②算放样数据:长度值 S_1,S_2,S_3,S_4,角度值 β_1,β_2,β_3,β_4,如图 7.41 所示。

③操作:在导线点 N_1 安置仪器,瞄导线点 N_2,顺时针拨角 β_1,量距 S_1,得交点 JD_1,再由 JD_1 放出 JD_2,同理可得 JD_3。

阅读理解

拨角放线法

(1)拨角放线法放点 此方法方便,效率高,但容易出现误差积累。所以,当放出若干点后应与导线点闭合,如图 7.41 所示,放出 N_6 后,检查误差是否超限(方位角闭合差 $\leqslant \pm 40'' \sqrt{n}$,长度闭合差 $\leqslant 1/1\ 500$),然后再从新的导线点放出后一段的交点。这样分段放出各交点,可减小误差。

(2)转点 当相邻两交点不能通视时,需要在交点的连线或延长线上增加点,作为"桥梁"供交点、测角、测距或延长直线时瞄准用,这种点称为转点。

①若在两交点间设转点:如图7.42所示,两交点 JD_7 与 JD_8 互不通视,在两交点估计连线上一点安置仪器,用正倒镜投点法,判断仪器偏离两交点连线的偏差值,再调整仪器位置,用逐步逼近的方法,试找 ZD 点,直至仪器的安置点 ZD 与 JD_7,JD_8 的水平投影位于同一直线上。

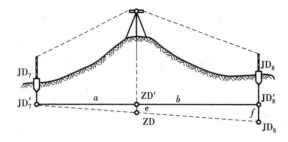

图7.42 在两交点间设转点　　　　　图7.43 在两交点延长线上设转点

②若在两交点延长线上设转点:如图7.43所示,在 JD_9 与 JD_{10} 的估计延长线上定一点 ZD 安置仪器,用逐步逼近的方法,试找 ZD 点,直至仪器安置点 ZD 与 JD_9,JD_{10} 的水平投影位于同一直线上。

2)测设转向角

线路由一个方向转至另一方向,偏转后的方向与原方向的夹角称为转向角,如图7.44 中的 α 角。转向角一般不是直接测定,而是通过测 β 角再算出转向角。

图7.44 转向角的测设

(1)测右角 β 计算转向角 α　左转角:偏转后的方向位于原方向线左侧对应的转向角;右转角:偏转后的方向位于原方向线右侧对应的转向角。如图7.44 所示,α_7 为右转角,α_8 为左转角。当右角 $\beta <$ 180°,则右转角 $\alpha = 180° - \beta$;当右角 $\beta > 180°$,则左转角 $\alpha = \beta - 180°$。β 用测回法测出。

(2)定角 β 的分角线　定分角线是为了在转角处测设曲线。方法:测出右角 β 后,保持仪器不动,再测出 β 角的分角线,并设出 C 点即可,如图7.45 所示。

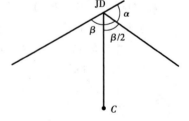

图7.45 定角 β 的分角线

3)设置中线里程桩

地面上的交点、转点、转向角测出后,即可沿线路方向量距,中线以经纬仪或花杆定线,用钢尺丈量距离,每隔20 m(铁路、公路等较长的线路则每隔50 m 或100 m)打一木桩,称为整桩(亦称中线里程桩),以标定出中线的位置。在整桩之间遇有坡度变化较大的地方要增加桩点,称为加桩。

里程桩(整桩和加桩)要标注桩号,桩号表示该桩距离线路起点的水平距离。若某里程桩距线路起点的水平距离为 5 020 m,则该桩的桩号为 K5 + 020,如图 7.46 所示。

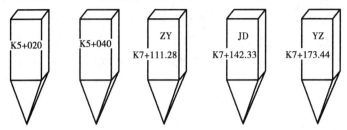

图 7.46　里程桩及桩号

里程桩分为
- 整桩
  - 20 m 或 30 m 或 50 m 的倍数桩
  - 百数桩
  - 千米桩
- 加桩
  - 地物加桩:中线上桥梁、涵洞及公路铁路交叉处设置的桩
  - 地形加桩:中线地形变化点设置的桩
  - 曲线加桩:曲线的起点、中点、终点等设置的桩
  - 关系加桩:转点、交点上设置的桩

桩名常用汉语拼音的缩写表示,见表 7.1。

表 7.1　曲线加桩缩写名称表

名　称	简　称	缩　写
交　点		JD
转　点		ZD
圆曲线起点	直圆点	ZY
圆曲线中点	曲中点	QZ
圆曲线终点	圆直点	YZ
公切点		GQ

方桩和里程桩

(1)方桩　在交点、转点、重要地物角点等处打的桩,并使桩顶面与地面齐平,钉一小钉表示点位,在距方桩约 20 cm 处设置指示桩,对方桩加以说明。指示桩:上面写上方桩的名称和桩号,字面朝向方桩,对于直线段线路,应设置在线路的同一侧;对于曲线段线路,应设在曲线的外侧。其他桩一般不设为方桩,直接将指示桩打在点位上,桩号面向线路的起点方向。

(2)里程桩　里程桩在中线丈量时埋设,丈量一般用钢尺、皮尺或测绳。

4）圆曲线的测设

对于道路，当线路方向转折时常用圆曲线进行连接。中线上圆曲线的测设工作分两个步骤。首先依据转折点将圆曲线的起点和终点等主点在地面测设出来，然后再在圆曲线上每隔一定距离（如 10 m,20 m）测设一些辅点，详细标出圆曲线在地面上的位置，以便施工。

为了测设圆曲线，应先算出圆曲线要素：切线长 T,曲线长 L,外距 E,切曲差 D。

（1）圆曲线要素的计算　　如图 7.47 所示,JD 为线路的交点,ZY 为直圆点,YZ 为圆直点,R 为圆曲线的半径,α 为转向角。由式（7.4）可计算出圆曲线要素：

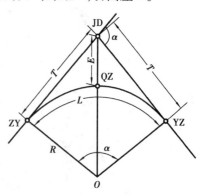

$$\left.\begin{aligned}
\text{切线长}\quad & T = R\tan\frac{\alpha}{2} \\
\text{曲线长}\quad & L = R\alpha\frac{\pi}{180°} \\
\text{外距}\quad & E = R\left(\sec\frac{\alpha}{2} - 1\right) \\
\text{切曲差}\quad & D = 2T - L
\end{aligned}\right\} \qquad (7.4)$$

图 7.47　圆曲线的测设

（2）测设主点

①计算主点里程：线路上各点的桩号用里程表示。圆曲线上 3 个主点（圆弧的起点、终点、中间点）的里程可分别由交点桩号,切线长 T,曲线长 L 计算而得。

由图 7.47 可知：

$$\left.\begin{aligned}
(\text{圆弧起点})\ \text{ZY 点里程} &= \text{JD 点里程} - T \\
(\text{圆弧终点})\ \text{YZ 点里程} &= \text{ZY 点里程} + L \\
(\text{圆弧中间点})\ \text{QZ 点里程} &= \text{YZ 点里程} - \frac{L}{2} \\
(\text{中线交点})\ \text{JD 点里程} &= \text{QZ 点里程} + \frac{D}{2}
\end{aligned}\right\} \qquad (7.5)$$

【例 7.1】　交点 JD 的桩号为 0 + 308.74,转向角 $\alpha = 24°30'$,设计半径 $R = 250$ m。求 3 个主点的里程。

【解】　由式（7.4）和（7.5）可得：

切线长 $T = 250 \text{ m} \times \tan\dfrac{24°30'}{2} = 54.28$ m

圆曲线长 $L = 250 \text{ m} \times 24°30' \times \dfrac{\pi}{180°} = 106.90$ m

3 个主点的里程为：圆曲线起点里程 $= (0 + 308.74) - 54.28 = 0 + 254.46$

圆曲线终点里程 $= (0 + 254.46) + 106.90 = 0 + 361.36$

圆曲线中间点里程 $= (0 + 361.36) - \dfrac{106.90}{2} = 0 + 307.91$

②测设 3 个主点。其步骤为：

a. 在交点 JD 上安置经纬仪。

b. 分别瞄相邻交点 $\text{JD}_{i-1}, \text{JD}_{i+1}$ 或对应的转点,沿该方向量取切线长 T,即得圆曲线起点及终点的地面位置并打桩。

c.沿角 $\beta(\beta=180°-\alpha)$ 的平分线量取外距 E,即可得圆曲线中间点的地面位置并打桩。

(3)圆曲线的详细测设 在圆曲线放样时,除放出 3 个主点外,还应在圆曲线上每隔一定弧长放 1 个点,测放这些点的工作称为圆曲线的详细测设。

细部点间的间隔 l_0 与曲线半径有关,一般有如下规定:$R>60$ m,则 $l_0=20$ m;30 m $<$ $R≤60$ m,则 $l_0=10$ m;$R<30$ m,则 $l_0=5$ m。

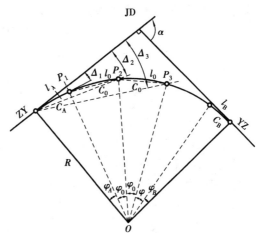

图 7.48 偏角法放细部点

详细测设的方法很多,下面介绍几种常用的方法。

①偏角法:偏角法的原理与极坐标法相似,它利用偏角(弦切角)和弦长来测设圆曲线的细部点。此法应用很广,尤其适用于地势不太平坦和视野开阔的地区,如图7.48所示。

l_0 为曲线上两细部点间的弧长(一般取为 10 m 或 20 m 等),它所对应的弦长为 C_0,所对应的圆心角为 φ_0,则对应的放样数据:偏角 Δ、弦长 C 的计算式为:

$$\left.\begin{array}{ll}偏角 & \Delta_i = \dfrac{\varphi_i}{2} = \dfrac{l_i}{2R}\dfrac{180°}{\pi} \\ 弦长 & C_i = 2R\sin\Delta_i \end{array}\right\} \tag{7.6}$$

操作步骤:

a.在圆曲线起点安置仪器,照准交点 JD,即得切线方向。

b.仪器照准部向圆心方向转偏角 Δ_1,即得第 1 点弦线方向。

c.沿弦线方向量取弦长 C_A,即得 P_1。

d.仪器照准部向圆心方向转偏角 Δ_2,即得第 2 点弦线方向。

e.以第 1 点 P_1 为圆心,以弦长 C_0 为半径在水平地面上画弧与视线的交点,即得 P_2。

以此类推,即得 P_3,P_4,P_5 等。

此法不仅可以在曲线的起点、终点上测设曲线的细部点,还可在圆曲线的中点及曲线的任意点上设站测设。它是一种适用性较强的常用方法。缺点是存在测点误差的积累,所以宜从曲线两端向中间或中间向两端进行测设。

②极坐标法:测距仪器在线路测量中较广泛使用后,常用极坐标法测设圆曲线上的点。适用条件:沿线布设有控制点且测设点的坐标也知道。测设数据:距离(置仪点与测设点间的水平距离),夹角(放样方向与后视方向的水平角)。

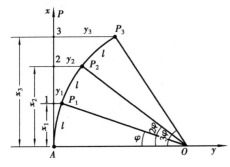

图 7.49 切线支距法测设曲线

③切线支距法(直角坐标法):设圆曲线半径为 R,在圆曲线上每隔 l 弧长测放 1 个细部点,如图 7.49 所示。其方法是以曲线的起点(ZY)或终点(YZ)为坐标原点,切线方向为 X 轴,过原点(ZY 或 YZ)半径方向为 Y 轴,利用曲线上点在此坐标系中的坐标测设曲线上的细部点。

计算放样数据(点的直角坐标 X_i,Y_i):

$$\left.\begin{array}{ll} X_1 = R\sin\varphi & Y_1 = R - R\cos\varphi \\ X_2 = R\sin2\varphi & Y_2 = R - R\cos2\varphi \\ X_3 = R\sin3\varphi & Y_3 = R - R\cos3\varphi \\ \qquad\qquad\vdots \end{array}\right\} \qquad (7.7)$$

其中,φ 为弧长 l 所对的圆心角。

实地测放时,根据计算的坐标值,从圆周曲线起点开始,沿切线方向(X 轴)分别量出距离 X_1,X_2,X_3,$\cdots$,X_n 得 1,2,3,$\cdots$,n 点,插测钎作标记。再过 1,2,3,$\cdots$,n 点作切线的垂线,沿垂线方向分别量取 Y_1,Y_2,Y_3,$\cdots$,Y_n,即可得放样点 P_1,P_2,P_3,$\cdots$,P_n。

阅读理解

(1)缓和曲线的测设 车辆行驶至直线段与圆曲线的交接处,离心力要发生突变。为使车辆平稳过渡,在直线段与圆曲线段间要设置缓和曲线,缓和曲线段的半径由无穷大渐变至圆曲线的半径 R,或由圆曲线的半径 R 渐变至无穷大。

缓和曲线主点有:直缓点(ZH)、缓圆点(HY)、圆缓点(YH)、缓直点(HZ)、曲中点(GZ)。缓和曲线的测设如图 7.50 所示。

缓和曲线上的直缓点、缓直点、曲中点的测设方法同圆曲线主点测设,其他主点及细部点的测设,查阅有关资料。

(2)用全站仪测设中线 当导线点及中线点的坐标已知,通视良好时,用全站仪进行中线测量很方便。如图 7.51 所示,将全站仪分别安置在导线点 N_{10},N_{11},N_{12} 上,即可放出中线上若干个点的位置,即得出中线的 $ABCD$ 的地面位置。

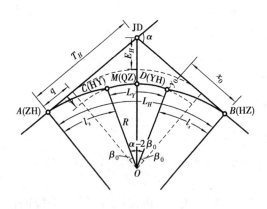

图 7.50 缓和曲线的测设

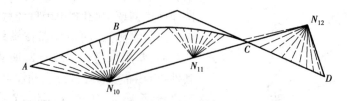

图 7.51 全站仪测设中线

练习作业

1. 如何对线路工程进行中线测量？
2. 圆曲线测设的要素有哪些？如何计算主点桩号？

7.6.3　线路纵横断面测量

线路纵横断面测量的目的:测绘纵断面图和横断面图,供路基设计、土石方计算、施工放边桩用。

1)纵断面测量

测量内容:线路水准测量和线路纵断面测量。

水准测量分两步进行:沿线路方向布设若干个水准点,建立路线高程控制,称为基平测量;以水准点为基准,测中桩地面高程,称为中平测量。

(1)基平测量　其目的是测设水准点的高程。

①水准点的设置。沿途布设水准点,有永久性和临时性水准点。永久性水准点要布设在重要部位,如线路的起点、终点、桥的两端、隧道口等处;对于一般地区,每隔 5 km 左右也要布设一个永久性水准点。永久性水准点要埋标石,也可设置在永久性建筑物上,或用金属嵌在基岩内。为了便于引测,沿线还要布设一定数量的临时水准点。临时水准点可埋设大木桩,桩顶钉入铁钉作标志。

水准点密度根据工程需要确定。一般山岭重丘区每隔0.5~1 km 设置 1 个;平原微丘区每隔1~2 km 设置 1 个。

②基平测量的方法。基平测量时,首先应将起始点与附近国家水准点联测,以获取绝对高程。当引测有困难,可参考地形图,选择一个与实地高程接近的作为起始水准点的假定高程。基平测量可采用往返观测或2组单程观测,测出水准点的高程,成果要满足精度要求。具体方法参阅水准测量。

(2)中平测量　其目的是测设中桩的地面高程。

方法:以相邻两水准点为一个测段,从一个水准点开始,逐个测出中桩的高程,并附合于下一个水准点,当一测站难以附合,则在两水准点间设置一些转点 ZD_i,如图 7.52 所示。

操作步骤:

①仪器置于Ⅰ点,后视水准点 BM_1,前视转点 ZD_1,测转点 ZD_1 的高程。

②视 BM_1 与 ZD_1 间的中桩,测 BM_1 与 ZD_1 间中桩的高程。

③仪器搬至Ⅱ点,后视转点 ZD_1,前视转点 ZD_2,测转点 ZD_2 的高程。

④视 ZD_1 与 ZD_2 间的中桩,测 ZD_1 与 ZD_2 间的中桩的高程。

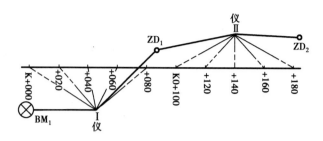

图 7.52 中平测量

⑤用同样的方法,测至下一个水准点 BM_2。

⑥中平测量只作单程测量,测段观测结束后,要算出附合线路的高差闭合差,若在允许范围(高差闭合差允许值: $\pm 40 \sqrt{L}$ mm,L 单位为 km)合格,否则应重测。

转点及中桩高程按视线高法计算:

$$视线高程 = 后视点高程 + 后视读数$$
$$转点高程 = 视线高程 - 前视读数$$
$$中桩高程 = 视线高程 - 中桩读数$$

若用全站仪施测,先基平测量后中平测量,用三角高程的方法,最后测出中线桩的高程。

（3）纵断面图　如图 7.53 所示,纵断面图表示线路中线上的地面起伏及设计纵坡的线状图,反映各路段纵坡和中线上的挖填深度,是道路设计和施工的重要资料。

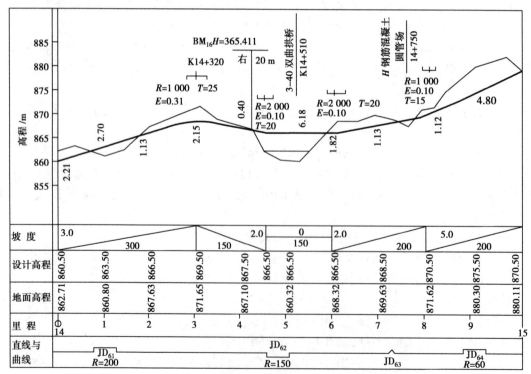

图 7.53 纵断面图

图上半部内容:中线方向的实际地面线;设计后的中线;标注内容有水准点位置、编号、高程、桥涵类型、孔径、跨度、长度、里程桩号等。

图下部内容:坡度;设计高程;地面高程;里程;直线与曲线等。

①坡度:从左至右,上斜直线表示上坡;下斜直线表示下坡;水平直线表示平坡。

②设计高程:设计中线的路基高程。按设计坡度 i 和相应水平距离 D 算得。

③地面高程:对应中桩的地面高程,是中平测量的成果。

④里程:相对于线路起点的距离,用百米桩或千米桩表示。高程比例一般是里程比例的 10 倍左右,以明显反映地面的起伏变化状态。

⑤直线与曲线:表明线路的直线或曲线部分,曲线部分用直角的折线表示,上凸表示右转,下凸表示左转,并注明交点编号和曲线半径;没设曲线的交点用锐角折线表示。

2)横断面测量

横断面测量的任务是测定中桩两侧,正交于中线方向的地面起伏变化,绘制横断面图。

(1)横断面方向的测定   如图 7.54 所示,其步骤为:

①直线段的横断面方向为直线的垂线方向,可用经纬仪先瞄直线段方向再转 90°方法求得,也可用垂直十字架测定。

②圆曲线的横断面方向为径向,可先确定切线方向,再做切线的垂线即可。

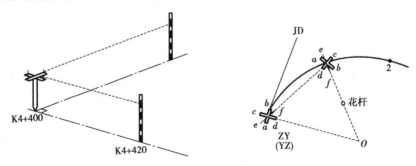

图 7.54   横断面方向的确定

(2)横断面测量方法

①标杆皮尺法:如图 7.55 所示,A,B,C 及 D,E,F 点为横断面方向中选定的变坡点,施测

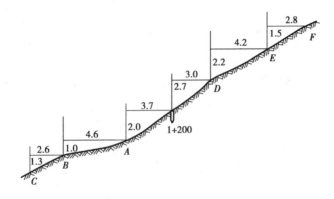

图 7.55   标杆皮尺法测横断面

时,将标杆立在 A 点,用皮尺量出 1 + 200 桩与 A 点间的水平距离及高差。同法可测出 A 点与 B 点、B 点与 C 点、1 + 200 桩与 D 点、D 点与 E 点、E 点与 F 点间的水平距离与高差。此法简便,但精度低。表7.2 为记录表。

表7.2　横断面测量记录

左　桩			桩　号	右　桩		
$\dfrac{-1.3}{2.6}$	$\dfrac{-1.0}{4.6}$	$\dfrac{-2.0}{3.7}$	K1 + 200	$\dfrac{+2.7}{3.0}$	$\dfrac{+2.2}{4.2}$	$\dfrac{+1.5}{2.8}$
$\dfrac{-1.2}{4.7}$	$\dfrac{-1.2}{3.3}$	$\dfrac{-0.8}{2.5}$	K1 + 220	$\dfrac{+0.8}{4.9}$	$\dfrac{+1.1}{5.5}$	$\dfrac{+0.9}{2.9}$

表7.2 中:左桩、右桩指面向前进方向的左侧桩与右侧桩;" + "表示上坡" - "表示下坡;分子表示两点间的高差,分母表示两点间的水平距离。

②水准仪法:当横断面测量精度较高,且横断面方向高差不大时,采用此法。量两点间的水平距离,用视线高法测横断面方向坡度变化点的高程。适当位置安置水准仪,后视中桩(中桩高程已知)求得视线高程,在横断面线上的坡度变化点——立尺,用视线高程减标尺读数求得各测点高程。

③经纬仪法:当横断面上坡度较陡时,用经纬仪法。将经纬仪安置在中桩上,用视距测量的方法求得中桩至变坡点间的水平距离和高差。若用全站仪则精度更高。

(3)横断面图绘制　在毫米方格纸上或电脑中,先绘出中桩线,定出中桩位置,根据横断面测量资料(水平距离、高差或高程),按一定比例(一般选用1:100 或1:200,纵横比例相同)在图上逐一点绘出变坡点,再用直线连接相邻点,即得横断面图,如图7.56 所示。

图7.56　横断面图

练习作业

1. 线路纵断面测量的内容有哪些? 如何进行?
2. 线路横断面测量的任务是什么? 测量方法有哪些?

7.6.4　道路施工测量

道路施工测量的主要任务是中线桩恢复、施工控制桩测设、路基边桩测设、边坡测设、竖曲线测设等。

1）施工前路线中线的恢复

从线路勘测到开始施工有一段时间,这期间部分桩被破坏,在施工前必须复核、校正及补充。方法与中线测量相同。

2）施工控制桩的测设

中桩在施工时要被挖掉,为了施工时控制中线位置,需要设置施工控制桩,测设方法如下:

（1）平行线法　在路基以外测设两排平行于中线的施工控制桩,如图 7.57 所示。此法适用于地势平坦、直线段较长的路段。

图 7.57　平行线法

（2）延长线法　如图 7.58 所示,在道路转弯处设有曲线,在曲线的中点与中线交点的延长线上设置施工控制桩。此法适用于坡度较大和直线段较短的地段。

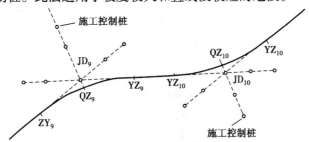

图 7.58　延长线法测设施工控制桩

3）路基边桩的测设

将每一个横断面图的设计路基边坡线与实际地面线的交点用桩标定到地面称为路基边桩测设。边桩的位置由边桩至中桩的距离来确定。方法有以下几种:

（1）图解法　直接在横断面图上量取中桩至边桩的距离,然后在实地从中桩开始,沿横断面方向水平量取该距离即得边桩的位置。

（2）解析法　根据路基挖填深度、边坡坡度、横断面地形计算出路基边桩至中桩的水平距离。平坦地段与倾斜地段边桩至中桩水平距的计算方法不同。

①平坦地段。如图 7.59 所示为填方路堤,中桩至边桩的距离 D 为:

$$D = \frac{B}{2} + mH \qquad\qquad (7.8)$$

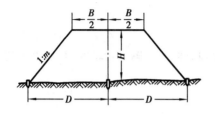

图 7.59　路堤　　　　　　　　　　图 7.60　路堑

如图 7.60 所示为挖方路堑,中桩至边桩的距离为:

$$D = \frac{B}{2} + S + mH \tag{7.9}$$

式中　B——路基宽度;

　　　m——边坡率($1:m$ 为坡度);

　　　H——挖填深度;

　　　S——路堑边沟顶宽。

以上是断面位于直道时求 D 值的方法,位于弯道时,还应按设计要求加上加宽值。

②倾斜地段。在倾斜地段,边桩至中桩的距离随地面坡度的变化而变化。

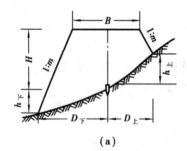　　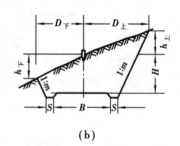

　　　　　　（a）　　　　　　　　　　　　　（b）

图 7.61　倾斜地段边桩位置

（a）斜坡地段路堤边桩测设;（b）斜坡地段路堑边桩测设

如图 7.61(a)所示,路堤坡脚至中桩的位置分为 $D_{上}$ 与 $D_{下}$:

$$D_{上} = \frac{B}{2} + m(H - h_{上}) \tag{7.10}$$

$$D_{下} = \frac{B}{2} + m(H + h_{下}) \tag{7.11}$$

如图 7.61(b)所示,路堑坡顶至中桩的位置分为 $D_{上}$ 与 $D_{下}$:

$$D_{上} = \frac{B}{2} + S + m(H + h_{上}) \tag{7.12}$$

$$D_{下} = \frac{B}{2} + S + m(H - h_{下}) \tag{7.13}$$

【例 7.2】　已知数据如图 7.62 所示,以左侧为例子,说明用逐点趋近法测设边桩的步骤。

【解】　步骤为:估计边桩位置——实测高差——重新估计边桩位置——再测高差——直至满足要求为止。

估计边桩位置:估计边桩地面位置比中桩低 1 m,则 $D_左$ =4.7 m+4.0 m×1 =8.7 m,在实地从中桩左侧开始沿横断面方向量取水平距离8.7 m,得 a' 点打桩。

实测高差:实测中桩到 a' 点的高差为 1.3 m,则 $D_左$ = 4.7 m+(5.0 m-1.3 m)×1 =8.4 m,此值较估计值8.7 m小,故正确的边桩位置应在 a' 点的内侧。

重新估计边桩位置:重新估计 $D_左$,重新放出边桩点 a''。

再测高差,计算 $D_左$,测放边桩,直至由实测高差算得的 $D_左$ 与估计值相符为止。

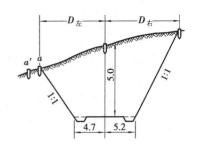

图 7.62 求边桩位置

经上述过程,就放出了左侧边桩的位置。右侧边桩的测设与左侧相同。路堤边桩的测设方法与路堑大致相同。

练习作业

1. 施工控制桩的测设方法有哪些?各适用于什么场合?
2. 路基边桩的测设方法有哪些?如何进行?

7.7 建筑物的变形观测

建筑物在施工期间、使用初期以及运营期间,由于各种因素的影响,会产生变形。这种变形在一定限度内应视为正常现象,但如果超过了规定限度,则会导致建筑物结构的变形或开裂,影响使用,严重时会危及建筑物的安全。因此,需要对建筑物的变形进行观测,这种观测称为建筑物的变形观测。

变形观测的目的:掌握变形(沉降、倾斜、位移和裂缝)速度,以便及时采取措施,确保建筑物安全使用。

变形观测的主要内容:沉降观测、倾斜观测、位移观测和裂缝观测。

7.7.1 建筑物沉降观测

建筑物的沉降观测是根据水准点测定建筑物上所设沉降点的高程随时间变化的工作。

1)布设水准基点

水准基点是沉降观测的基准,其布设应满足以下要求:

①有足够的稳定性。水准基点必须设置在沉降影响范围以外,冰冻地区水准基点应埋设在冰冻线以下 0.5 m。

②具备检核条件。为了保证水准基点高程的正确性,水准基点至少应布设 3 个,以便相互检核。

③满足一定的观测精度。水准基点和观测点之间的距离应适中,相距太远会影响观测精度,其距离一般应在 100 m 范围内。

2)布设沉降观测点

布设应满足的要求:

①沉降观测点应布设在能全面反映建筑物沉降情况的部位,如建筑物四角、沉降缝两侧、荷载有变化的部位、大型设备基础、柱子基础和地质条件变化处。

②一般沉降观测点是均匀布置的,它们之间的距离一般为 10 ~ 20 m。

③沉降观测点的设置形式如图 7.63 所示。

④观测点应布设成闭合或附合水准线路并联测到水准点上。

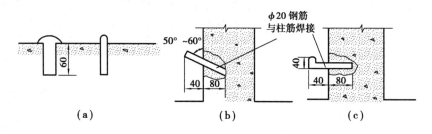

图 7.63　沉降观测点的设置形式

3)沉降观测

(1)观测周期　观测的时间和次数,应根据工程的性质、施工进度、地基地质情况及基础荷载的变化情况而定。

①埋设的沉降观测点稳固后,在建筑物主体开工前,进行第 1 次观测。

②在建(构)筑物主体施工过程中,一般每盖 1 或 2 层观测 1 次。如中途停工时间较长,应在停工时和复工时进行观测。

③当发生大量沉降或严重裂缝时,应立即或几天一次连续观测。

④建筑物封顶或竣工后,一般每月观测 1 次,如果沉降速度减缓,可改为 2 ~ 3 个月观测 1 次,直至沉降稳定为止。

(2)观测方法　观测时先后视水准基点,接着依次前视各沉降观测点,最后再次后视该水准基点,两次后视读数之差不应超过 ±1 mm。

(3)精度要求　沉降观测的精度应根据建筑物的性质而定。

(4)工作要求　沉降观测是一项长期、连续的工作,为了保证观测成果的正确性,应尽可能做到"四定",即固定观测人员,使用固定的水准仪和水准尺,使用固定的水准基点,按固定的实测路线和测站进行。

4)沉降观测的成果整理

①整理原始记录:每次观测结束后,应检查记录的数据和计算是否正确,精度是否合格,然后,调整高差闭合差,推算出各沉降观测点的高程,并填入"沉降观测表"中,见表7.3。

表7.3 沉降观测记录表

观测次数	观测时间	各观测点的沉降情况						…	施工进展情况	荷载情况 /(t·m⁻²)
		1			2					
		高程 /m	本次下沉/mm	累积下沉/mm	高程/m	本次下沉/mm	累积下沉/mm	…		
1	1985.01.10	50.454	0	0	50.473	0	0	…	1层平口	
2	1985.02.23	50.448	−6	−6	50.467	−6	−6		3层平口	40
3	1985.03.16	50.443	−5	−11	50.462	−5	−11		5层平口	60
4	1985.04.14	50.440	−3	−14	50.459	−3	−14		7层平口	70
5	1985.05.14	50.438	−2	−16	50.456	−3	−17		9层平口	80
6	1985.06.04	50.434	−4	−20	50.452	−4	−21		主体完	110
7	1985.08.30	50.429	−5	−25	50.447	−5	−26		竣 工	
8	1985.11.06	50.425	−4	−29	50.445	−2	−28		使 用	
9	1986.02.28	50.423	−2	−31	50.444	−1	−29			
10	1986.05.06	50.422	−1	−32	50.443	−1	−30			
11	1986.08.05	50.421	−1	−33	50.443	0	−30			
12	1986.12.25	50.421	0	−33	50.443	0	−30			

注:水准点的高程 BM_1:49.538 mm;BM_2:50.123 mm;BM_3:49.776 mm。

②计算沉降量:

> 沉降观测点的本次沉降量 = 本次观测所得的高程 − 上次观测所得的高程
> 累积沉降量 = 本次沉降量 + 上次累积沉降量

将计算出的沉降观测点本次沉降量、累积沉降量和观测日期、荷载情况等记入"沉降观测表"中。

③绘制沉降曲线:沉降曲线分为两部分,即时间与沉降量关系曲线和时间与荷载关系曲线,如图7.64所示。

绘制时间与沉降量关系曲线:首先,以沉降量 s 为纵轴,以时间 t 为横轴,组成直角坐标系。然后,以每次累积沉降量为纵坐标,以每次观测日期为横坐标,标出沉降观测点的位置。最后,用曲线将标出的各点连接起来,并在曲线的一端注明沉降观测点号码,这样就绘制出了时间与沉降量关系曲线。

绘制时间与荷载关系曲线:首先,以荷载为纵轴,以时间为横轴,组成直角坐标系。再根据每次观测时间和相应的荷载标出各点,将各点连接起来,即得时间与荷载关系曲线。

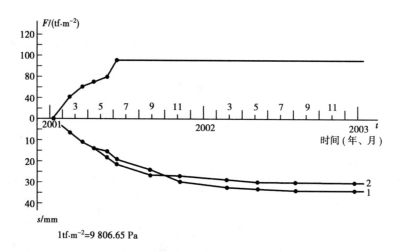

图 7.64　沉降曲线图

7.7.2　建筑物倾斜观测

用测量仪器来测定建筑物的基础和主体结构倾斜变化的工作,称为倾斜观测。

1)一般建筑物主体的倾斜观测

建筑物主体的倾斜观测,先测定建筑物顶部观测点相对于底部观测点的偏移值,再根据建筑物的高度,计算建筑物主体的倾斜度,即

$$i = \tan \alpha = \frac{\Delta D}{H} \tag{7.14}$$

式中　i——建筑物主体的倾斜度;

　　　ΔD——建筑物顶部观测点相对于底部观测点的偏移值;

　　　H——建筑物的高度;

　　　α——倾斜角。

由式(7.14)可知,倾斜测量主要是测定建筑物主体的偏移值 ΔD。偏移值 ΔD 的测定一般采用经纬仪投影法。具体观测方法如下:

①如图 7.65 所示,将经纬仪安置在固定测站上,测站到建筑物的距离为建筑物高度的1.5倍以上。瞄准建筑物 X 墙面上部的观测点 M,用盘左、盘右分中投点法,定出下部的观测点 N。用同样的方法,在与 X 墙面垂直的 Y 墙面上定出上观测点 P 和下观测点 Q。M,N 和 P,Q 即为所设观测标志。

②相隔一段时间后,在原测站上安置经纬仪,分别瞄准上观测点 M 和 P,用盘左、盘右分中投点法,得到 N' 和 Q'。如果,N 与 N',Q 与 Q' 不重合,说明建筑物发生了倾斜。

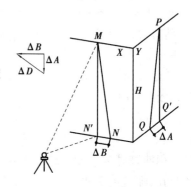

图 7.65　一般建筑物的倾斜观测

③用尺子量出在 X,Y 墙面的偏移值 $\Delta A,\Delta B$，再用矢量相加的方法，计算出该建筑物的总偏移值 ΔD，即：

$$\Delta D = \sqrt{\Delta A^2 + \Delta B^2} \tag{7.15}$$

根据总偏移值 ΔD 和建筑物的高度 H，用式(7.14)即可计算出其倾斜度 i。

2)圆形建(构)筑物主体的倾斜观测

圆形建(构)物的倾斜观测，是在互相垂直的两个方向上，测定其顶部中心对底部中心的偏移值。具体观测方法如下：

①如图 7.66 所示，在烟囱底部横放一根标尺，在标尺垂线方向上，安置经纬仪，经纬仪到烟囱的距离为烟囱高度的 1.5 倍。

②用望远镜将烟囱顶部边缘两点 A,A' 及底部边缘两点 B,B' 分别投到标尺上，得读数为 y_1,y_1' 及 y_2,y_2'，如图 7.66所示。烟囱顶部中心 O 对底部中心 O' 在 y 方向上的偏移值 Δy 为：

$$\Delta y = \frac{y_1 + y_1'}{2} - \frac{y_2 + y_2'}{2} \tag{7.16}$$

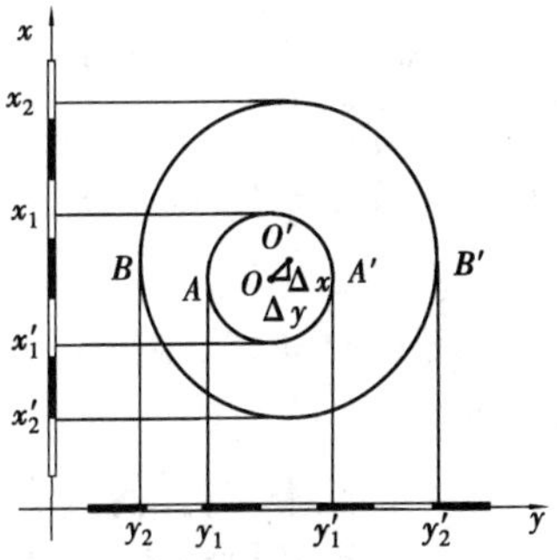

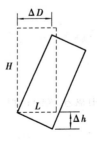

图 7.66 圆形建筑物的倾斜观测

③用同样的方法，可测得在 x 方向上，顶部中心 O 的偏移值 Δx 为：

$$\Delta x = \frac{x_1 + x_1'}{2} - \frac{x_2 + x_2'}{2} \tag{7.17}$$

④用矢量相加的方法，计算出顶部中心 O 对底部中心 O' 的总偏移值 ΔD，即

$$\Delta D = \sqrt{\Delta x^2 + \Delta y^2} \tag{7.18}$$

根据总偏移值 ΔD 和圆形建(构)筑物的高度 H，用式(7.15)即可计算出其倾斜度 i。

另外，亦可采用激光铅垂仪或悬吊线锤的方法，直接测定建(构)筑物的倾斜量。

3)建筑物基础倾斜观测

建筑物的基础倾斜观测一般采用精密水准测量的方法，定期测出基础两端点的沉降量差值 Δh，如图 7.67 所示，再根据两点间的距离 L，即可计算出基础的倾斜度：

$$i = \frac{\Delta h}{L} \tag{7.19}$$

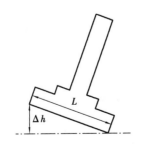

图 7.67 基础倾斜观测

图 7.68 测定建筑物的偏移值

对整体刚度较好的建筑物的倾斜观测,亦可采用基础沉降量差值,推算主体偏移值。如图7.68所示,用精密水准测量测定建筑物基础两端点的沉降量差值 Δh,再根据建筑物的宽度 L 和高度 H,推算出该建筑物主体的偏移值 ΔD,即

$$\Delta D = \frac{\Delta h}{L} H \qquad\qquad (7.20)$$

7.7.3 建筑物裂缝观测

当建筑物出现裂缝之后,应及时进行裂缝观测。常用的裂缝观测方法有以下两种:

(1)石膏板标志 用厚 10 mm,宽 50~80 mm 的石膏板(长度视裂缝大小而定),固定在裂缝的两侧。当裂缝继续发展时,石膏板也随之开裂,从而观察裂缝继续发展的情况。

(2)白铁皮标志

①如图7.69 所示,用两片白铁皮,一片固定在裂缝的一侧。另一片固定在裂缝的另一侧,使两块白铁皮的边缘相互平行,并使其中的一部分重叠。

②在两块白铁皮的表面,涂上红色油漆。

③如果裂缝继续发展,两块白铁皮将逐渐拉开,露出原被覆盖而没有油漆的部分,其宽度即为裂缝加大的宽度,可用尺子量出。

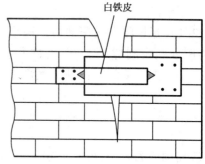

图 7.69　建筑物的裂缝观测

7.7.4 建筑物位移观测

根据平面控制点测定建筑物的平面位置随时间而移动的大小及方向,称为位移观测。位移观测首先要在建筑物附近埋设测量控制桩,再在建筑物上设置位移观测点。位移观测的方法有以下两种:

(1)角度前方交会法 利用前述的角度前方交会法,对观测点进行角度观测,计算观测点的坐标,利用坐标差值,计算该点的水平位移量。若用全站仪,位移观测点的坐标可直接测定。

(2)基准线法 某些建筑物只要求测定某特定方向上的位移量,如大坝在水压力方向上的位移量,这种情况可采用基准线法进行水平位移观测,具体方法参阅有关资料。

练习作业

建筑物变形观测的内容及观测方法是什么?

7.8 竣工总平面图的编绘

7.8.1 编制竣工总平面图的目的

由于施工过程中的种种原因,使建(构)筑物竣工后的位置与原设计位置不完全一致,因此,建筑(构)物竣工后应编绘竣工总平面图。其编制目的是:

①全面反映竣工后的现状。

②为以后建(构)筑物的管理、维修、扩建、改建及事故处理提供依据。

③为工程验收提供依据。

竣工总平面图的编绘包括竣工测量和图纸编绘两方面内容。

7.8.2 竣工测量

建(构)筑物竣工验收时进行的测量工作,称为竣工测量。在每一个单项工程完成后,必须由施工单位进行竣工测量,并提出该工程的竣工测量成果,作为编绘竣工总平面图的依据。

1)竣工测量的内容

(1)工业厂房及一般建筑物　测定各房角坐标、几何尺寸,各种管线进出口的位置和高程,室内地坪及房角标高,并附注房屋结构层数、面积和竣工时间。

(2)地下管线　测定检修井、转折点、起终点的坐标,井盖、井底、沟槽和管顶等的高程;附注管道及检修井的编号、名称,管径、管材,间距、坡度和流向。

(3)架空管线　测定转折点、结点、交叉点和支点的坐标,测定支架间距,基础面标高等。

(4)交通线路　测定线路起终点、转折点和交叉点的坐标,测定路面、人行道、绿化带界线等。

(5)特种构筑物　测定构筑物的外形和四角坐标、圆形构筑物的中心坐标,基础面标高,构筑物的高度或深度等。

2)竣工测量的方法与特点

竣工测量的基本测量方法与地形测量相似,区别在于以下几点:

(1)图根控制点的密度　一般竣工测量图根控制点的密度,要大于地形测量图根控制点的密度。

(2)碎部点的实测　地形测量一般可采用视距测量的方法,测定碎部点的平面位置和高程;而竣工测量一般采用经纬仪测角、钢尺量距的极坐标法测定碎部点的平面位置,采用水准仪或经纬仪视线水平测定碎部点的高程,亦可用全站仪进行测绘。

(3)测量精度　竣工测量的测量精度要高于地形测量的测量精度。地形测量的测量精度要求满足图解精度,而竣工测量的测量精度一般要满足解析精度,应精确至厘米。

(4)测绘内容　竣工测量的内容比地形测量的内容更丰富。竣工测量不仅测地面的地物和地貌,还要测地下各种隐蔽工程,如上、下水及热力管线等。

7.8.3　竣工总平面图的编绘

1)编绘竣工总平面图的依据

①设计总平面图,单位工程平面图,纵、横断面图,施工图及施工说明。

②施工放样成果,施工检查成果及竣工测量成果。

③更改设计的图纸、数据、资料(包括设计变更通知单)。

2)竣工总平面图的编绘方法

①在图纸上绘制坐标方格网。

②展绘控制点。坐标方格网画好后,将施工控制点按坐标值展绘在图纸上。

③展绘设计总平面。根据坐标方格网,将设计总平面图的图面内容,按其设计坐标,展绘于图纸上,作为底图。

④展绘竣工总平面图。对凡按设计坐标进行定位的工程,应以测量定位资料为依据,按设计坐标(或相对尺寸)和标高展绘。对原设计进行变更的工程,应根据设计变更资料展绘。对凡有竣工测量资料的工程,若竣工测量成果与设计值之差不超过所规定的定位容许误差时,按设计值展绘,否则按竣工测量资料展绘。

3)竣工总平面图的整饰

①竣工总平面图的符号应与原设计图的符号一致。有关地形图的图例应使用国家地形图图式符号。

②对于房屋应使用黑色线条,绘出该工程的竣工位置,并应在图上注明工程名称、坐标、高程及有关说明。

③对于各种地上、地下管线,应用各种不同颜色的线条,绘出其中心位置,并应在图上注明转折点及井位的坐标、高程及有关说明。

④对于没有进行设计变更的工程,绘出的竣工位置与按设计原图的设计位置应重合,但其坐标及高程数据与设计值比较可能稍有出入。

练习作业

1. 竣工测量的内容是什么?

2. 竣工测量的方法有哪些?

1. 填空题

（1）用水准仪测设某已知高程点 A，水准尺应读数为 1.000 m，若仍用该站水准仪测设比 A 点低 0.200 m 的 B 点时，水准尺上的应读数为＿＿＿＿＿＿＿＿ m。

（2）在面积不大又不复杂的建筑场地上，常用＿＿＿＿＿＿＿＿作为施工测量的平面控制网。

（3）用极坐标法测设点的平面位置，放样数据有＿＿＿＿＿、＿＿＿＿＿。

（4）在量距困难、无测距仪器而且精度要求高的情况下，测设点的平面位置，通常用＿＿＿＿＿＿＿＿方法。

（5）建筑物定位后，在开挖基槽前一般要把轴线延长到槽外安全地点，延长轴线的方法有两种，即＿＿＿＿＿＿＿法和＿＿＿＿＿＿＿法。

（6）高层楼房建筑物轴线竖向投测的方法主要有吊锤法、＿＿＿＿法和＿＿＿＿法。

2. 问答题

（1）建筑施工场地平面控制网的布设形式有哪些？各适用于什么场合？如何根据导线点测设建筑方格网？

（2）布设施工高程控制网时，有闭合形式、支线形式、附合形式供我们选择，你认为用哪种更合适？为什么？

（3）测设点位的方法有极坐标法、直角坐标法、距离交会法、角度交会法，你如何选用？如何计算它们的测设数据？

（4）如何测设线路交点？什么是里程桩、方桩？

（5）如何计算圆曲线的主点桩号？如何测设圆曲线主点？

3. 计算题

（1）A 点设计高程为 243.26 m，A 点到 B 点的设计坡度为 -1%，已知条件如下图所示。试求：当视线平行于设计坡度线时，B 点尺上的应读数（单位:m）。

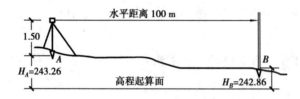

（2）已知水准点 A 的高程 $H_A = 20.355$ m，若在 B 点处墙面上测设出高程分别为 21.000 m 和 23.000 m 的位置，设在 A，B 中间安置水准仪，后视 A 点水准尺得读数 $\alpha = 1.452$ m，问怎样测设才能在 B 处墙面上得到设计标高？请绘一简图表示。

(3)已知:A,B 为控制点,$x_B = 643.82$ m,$y_B = 677.11$ m,$D_{AB} = 87.67$ m,$\alpha_{BA} = 156°31'20''$,待测设点 P 的坐标为 $x_P = 535.22$ m,$y_P = 701.78$ m。若采用极坐标法测设 P 点,试计算测设数据,简述测设过程,并绘示意图。

(4)如图所示,已知地面水准点 A 的高程为 $H_A = 40.00$ m,若在基坑内 B 点测设 $H_B = 30.000$ m,测设时 $a = 1.415$ m,$b = 11.365$ m,$a_1 = 1.205$,问当 b_1 为多少时,尺底即为设计高程 H_B?

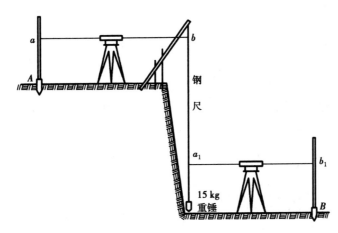

(5)设地面上 A 点高程已知为 $H_A = 32.785$ m,现要从 A 点沿 AB 方向修筑一条坡度为

−2%道路,AB 的水平距离为 120 m,每隔 20 m 打一中间点桩。试述用经纬仪测设 AB 坡度线的做法,并绘一草图。若用水准仪测设坡度线,做法有何不同?

(6)A,B 点为控制点,已知条件如下图所示,推算出用极坐标法测设 P 点的放样数据,并标注在图中。

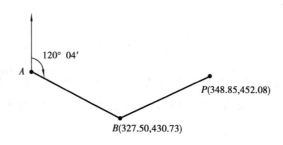

(7)A 点、1 点的设计坐标及高程如下图所示。已知基线上 1,2 点地面点位(1,2 连线平行于纵轴)。

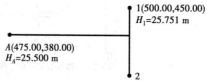

①若根据 1,2 点,测设 A 点(直角坐标法),试算出放样数据,并标注在图中;

②用水准仪后视 1 点,水准尺上读数为 1.249 m,若放出 B 点的设计高程,试算出 A 点尺上的应读数。

附　录

附录1　教学评估表

班级：_____ 课题名称：_____ 日期：_____ 姓名：_____

1. 本调查问卷主要用于对新课程的调查,可以自愿选择署名或匿名方式填写问卷。根据自己的情况在相应的栏目内打"√"。

评估项目	评估等级				
	非常赞成	赞成	无可奉告	不赞成	非常不赞成
(1)我对本课题学习很感兴趣					
(2)教师组织得很好,有准备并讲述得清楚					
(3)教师运用了各种不同的教学方法来帮助我的学习					
(4)本课题的学习能够帮助我获得能力					
(5)有视听材料,包括实物、图片、录像等,能帮助我更好地理解教材内容					
(6)教师知识丰富					
(7)教师乐于助人、平易近人					
(8)教师能够为学生营造合适的学习气氛					
(9)我完全理解并掌握了所学知识和技能					
(10)授课方式适合我的学习风格					
(11)我喜欢这门课中的各种学习活动					
(12)学习活动能够有效地帮助我学习该课程					
(13)我有机会参与学习活动					
(14)每个活动结束都有归纳与总结					
(15)教材编排版式新颖,有利于我学习					
(16)教材使用的语言、文字通俗易懂,有对专业词汇的解释,利于我自学					
(17)教学内容难易程度合适,符合我的实际					
(18)教材为我完成学习任务提供了足够信息					
(19)教材提供的练习活动使我技能增强了					
(20)我对胜任今后的工作更有信心					

2. 您认为教学活动使用的视听教学设备：

合适 ☐　　　　　　　　太多 ☐　　　　　　太少 ☐

3. 教师讲述、学生小组讨论和小组活动安排比例：

讲课太多 ☐　　讨论太多 ☐　　练习太多 ☐　　活动太多 ☐　　恰到好处 ☐

4. 教学的进度：

太快 ☐　　　　　　　　正合适 ☐　　　　　　太慢 ☐

5. 活动安排的时间长短：

正合适 ☐　　　　　　　太长 ☐　　　　　　太短 ☐

6. 我最喜欢本单元的教学活动是：

7. 本单元我最需要的帮助是：

8. 我对本单元进一步改进教学活动的建议是：

附录 2 测量中的计量单位

长度单位	1 km = 1 000 m； 1 m = 10 dm = 100 cm = 1 000 mm。
面积单位	$1 \text{ hm}^2 = 10\ 000 \text{ m}^2 \approx 15$ 市亩； $1 \text{ km}^2 = 100 \text{ hm}^2 \approx 1\ 500$ 市亩； 1 市亩 $\approx 666.67 \text{ m}^2$。 大面积用 hm^2 或 km^2，农业上常用市亩，一般情况用 m^2。
体积单位	$1 \text{ m}^3 = 10^3 \text{ dm}^3 = 10^6 \text{ cm}^3 = 10^9 \text{ mm}^3$； $1 \text{ L} = 1 \text{ dm}^3 = 10^{-3} \text{ m}^3$。 常用 m^3，工程上俗称"立方"或"方"。

	度分秒制	弧度制
角度单位	1 圆周角 $= 360°$； $1° = 60'$； $1' = 60''$。	一个弧度:弧长等于半径的圆弧所对的圆心角。弧度的单位符号为 rad。 1 圆周角 $= 2\pi$ rad； 1 rad $= 1$ m/m $= 1$(做"rad"有时可省略)； 1 rad $= \dfrac{180°}{\pi} \approx 57.3° = 3\ 438' = 206\ 265''$。

取舍原则	"4 舍 6 入,单进双舍"的原则。即:5 后的数若大于 0,则入;5 前的数若为单数,则取;5 前的数若为双数,则舍。

参考文献

[1] 姬玉华,夏冬君.测量学[M].2版.哈尔滨:哈尔滨工业大学出版社,2008.

[2] 周建郑.工程测量(测绘类)[M].3版.郑州:黄河水利出版社,2015.

[3] 梁盛智.测量学[M].重庆:重庆大学出版社,2002.

[4] 魏静,李明庚.建筑工程测量[M].北京:高等教育出版社,2002.

[5] 聂让,付涛.公路施工测量手册[M].2版.北京:人民交通出版社,2008.

[6] 徐绍铨,张华海,杨志,等.GPS测量原理及应用[M].4版.武汉:武汉测绘科技大学出版社,2017.

[7] 全国地理信息标准化技术委员会.国家基本比例尺地形图图式 第1部分:1:500 1:1 000 1:2 000 地形图图式:GB/T 20257.1—2017[S].北京:中国标准出版社,2017.